前言 Preface

　　随着生活节奏的不断加快，人们越来越频繁地在快餐店就餐，但等待时间长以及卫生环境差等问题也令一些人萌发了自己在家制作简单菜肴的想法。而最简单的家常菜，莫过于用一只炒锅就可以解决的家常快炒了。快炒不仅简单快速，口感也非常好，但是要想掌握既快速便捷，又美味营养的快炒方法似乎不是那么容易的。那么究竟怎样才能学到家常快炒的魔术奇招呢？

　　其实，成功做出美味的家常快炒，还是有许多小秘诀的，例如：肉类事先过油可以保持肉质鲜嫩多汁；加入蒜，不仅可以解腻、去异味，还可以增强营养功效；炒制水产海鲜时，加入适量葱，不仅可去腥，还可提味；此外，鱼片在炒之前先腌过会更加软嫩；而蔬菜类则要注意不要先切后洗，炒制时要用大火快炒，才能既留住营养，又不失美味。此外，调料也是一门学问，例如用淀粉勾芡，这样做既能使汤汁浓厚，又可以起到保护维生素 C 的作用；再者，有些香辛料要先爆香，才能使快炒更加美味；炒菜时放的调料比例以及放盐的时间等也是需要注意的。看似微不足道的小细节，若没有注意，很容易变成烹饪失败的关键。

　　本书内容丰富，图文并茂，以食材购买方便、做法简单易学为原则，精心选取了 274 道家常快炒，且肉类、海鲜、蔬菜、炒饭、炒面一应俱全。具体分为四章：第一章肉类，精选 82 道家常快炒；第二章海鲜类，精选 79 道家常快炒；第三章蔬菜类，精选 86 道家常快炒；第四章面饭类，精选 27 道家常快炒。你可以根据个人爱好，自行搭配，每天都可以更换佳肴，既能吃得营养丰盛，同时也能享受烹饪的乐趣。

　　除此之外，本书中的每一道家常快炒都针对材料、调料、腌料、做法等做了详细的介绍，除了收录有餐厅大厨烹饪配方外，还有许多烹饪小诀窍，不论是厨房新手还是喜爱烹饪的你，都能一学就会、简单上手、轻松制作。

　　如果你还在为吃不到快速、美味、营养的食物发愁，那么本书将会完美解决你的问题。相信本书一定能成为你最得力的美食顾问及生活中的好帮手！

目录 Contents

8	切肉秘诀大公开
9	腌肉秘诀大公开
10	海鲜挑选秘诀
11	食材挑选秘诀

第一章
肉类

14	客家小炒
14	回锅肉
15	干锅排骨
15	葱爆肉丝
16	橙汁排骨
16	豆干炒肉丝
17	韭黄炒肉丝

17	京酱肉丝
18	豆酱炒五花肉
18	香辣肉丁
19	糖醋里脊
19	咕咾肉
20	酸菜炒五花肉
20	泡菜炒肉片
21	黑木耳炒肉片
21	打抛猪肉
22	香蒜干煸肉
23	芹菜炒肉片
23	香油炒肉片
24	粉丝炒肉末
24	蒜苗炒咸猪肉
25	酸菜炒咸猪肉

25	香肠炒小黄瓜
26	香肠炒蒜苗
26	腊肠炒年糕
27	生炒猪心
27	姜丝炒猪大肠
28	苦瓜炒猪大肠
28	韭菜炒猪血
29	韭菜炒猪肝
29	酸菜炒猪肚丝
30	蒜苗炒猪肚
30	蒜香炒猪皮
31	香油炒猪腰
31	酱爆牛腱
32	苦瓜炒牛肉
32	酸姜牛肉丝
33	泡菜炒牛肉
33	莼菜炒牛肉
34	牛肉炒山苏
34	蒜苗炒牛绞肉
35	青椒炒牛肉片
35	韭黄炒牛肉丝
36	酱爆牛肉
37	韭黄炒牛肚丝
37	牛肉炒芹菜
38	牛肉杏鲍菇
38	蟹味菇炒牛肉
39	干锅猪大肠
39	滑蛋牛肉
40	葱爆牛肉
40	椒盐牛小排
41	菠萝炒牛肉
41	西芹炒牛柳
42	孜然牛肉
42	双椒炒牛肉丝
43	三杯羊肉
43	苦瓜羊肉片
44	咖喱羊肉
44	芥蓝炒羊肉

45	油菜炒羊肉片	
45	姜丝炒羊肉片	
46	菠菜炒羊肉	
46	双椒炒羊肉	
47	蘑菇炒羊肉	
47	西芹炒羊排	
48	三杯鸡	
49	羊肉炒粉丝	
49	泰式炒鸡柳	
50	双椒炒鸡腿肉	
50	芹菜炒鸡肉片	
51	姜葱鸡腿肉	
51	泰式酸辣鸡翅	
52	酸菜炒鸡杂	
53	洋葱炒鸡肉	
53	黑木耳炒鸡心	
54	蒜香炒鸭赏	
54	客家炒鸭肠	
55	韭菜炒鸭肠	
55	酸菜炒鸭肠	
56	紫苏鸭肉	
56	酱姜鸭肉	

64	西芹炒鱼块
65	椒盐炒鱼柳
65	生炒鳝鱼
66	酸豆角炒鱼丁
66	醋熘鱼片
67	蒜苗炒鱼片
67	酸菜炒鱼肚
68	宫保鱼片
69	西芹炒银鱼
69	花生炒丁香鱼
70	茶香香酥虾
70	咸酥虾
71	酱爆虾
71	咸酥溪虾
72	酒香草虾
72	西红柿虾仁
73	滑蛋虾仁
73	宫保虾仁
74	奶油草虾
74	酸甜虾仁
75	腰果虾仁

75	丝瓜炒虾仁
76	锅巴虾仁
76	豆苗炒虾仁
77	皇帝豆炒鲜虾
77	香辣樱花虾
78	胡椒虾
78	干炒大明虾
79	香菇炒蟹肉
79	罗勒炒蟹螯
80	泡菜炒蟹脚
80	椒盐花蟹
81	沙茶酱鱿鱼
81	芹菜炒墨鱼
82	椒盐鱿鱼
82	蒜苗炒墨鱼
83	芹菜炒鱿鱼
83	红椒炒炸鱿鱼
84	西芹炒墨鱼
84	韭菜花炒鱿鱼
85	甜豆荚炒墨鱼
85	葱爆鱿鱼小卷

第二章
海鲜类

58	辣椒酱炒鱼片
59	蒜香鱼片
59	豆酥炒鱼片
60	罗勒橙汁鱼片
60	避风塘炒鱼
61	三杯炒旗鱼
61	香炒炸鱼柳
62	豆酱鱼片
62	金沙鱼柳
63	香菜炒丁香鱼
63	韭黄鳝糊
64	蒜苗炒鲷鱼

86　酱炒蛤蜊
86　热炒蛤蜊
87　香啤蛤蜊
87　罗勒蛤蜊
88　豆酥蛤蜊
88　豆豉牡蛎
89　圣女果炒蛤蜊
89　罗勒蚬子
90　丝瓜炒蛤蜊
90　罗勒螺肉
91　西红柿炒蛤蜊
91　牡蛎豆腐
92　罗勒凤螺
92　滑蛋牡蛎
93　椒盐鱿鱼嘴
93　宫保鱿鱼
94　干炒螃蟹
95　酸辣鱿鱼
95　鸡蛋炒蟹
96　金沙软壳蟹
96　蘑菇炒虾仁
97　大白菜炒虾仁
97　芦笋炒虾仁
98　菠萝虾仁
98　蛋酥草虾

第三章
蔬菜类

100　冬瓜炒粉丝
101　罗勒茄子
101　肉末四季豆
102　清炒菠菜
102　椒香四季豆
103　腊肉炒荷兰豆
103　酸辣大白菜
104　姜丝炒海龙筋
104　咸蛋炒苦瓜
105　虾酱空心菜
105　培根炒卷心菜
106　虾炒卷心菜
106　豆豉苦瓜
107　蛤蜊丝瓜
107　虾米炒丝瓜
108　热炒生菜
108　炒青金针菜
109　豆豉山苏
109　皮蛋红薯叶
110　干煸茭白
110　滑蛋蕨菜

111　山药炒秋葵
111　虾米炒瓠瓜
112　香菇炒莼菜
112　醋炒莲藕片
113　甜椒炒百合
113　肉末炒韭菜花
114　双椒炒南瓜
115　韭香皮蛋
115　葱油炒豆苗
116　香菇大白菜
116　清炒娃娃菜心
117　双蛋苋菜
117　菠菜炒金针菇
118　香菇炒芦笋
118　樱花虾炒芦笋
119　炒箭笋
119　清炒时蔬
120　炒红薯叶
120　辣炒脆土豆丝
121　咸鱼炒西蓝花
121　咸蛋炒上海青
122　西红柿炒茄子
122　西芹炒莲藕丝
123　芝麻炒牛蒡丝
123　枸杞子炒山药
124　麻婆豆腐
124　金沙豆腐
125　肉酱炒油豆腐
125　茄子豆腐
126　葱香鱼豆腐
127　三杯豆腐
127　豆酱豆腐
128　姜烧香菇
128　杏鲍菇炒肉
129　黑木耳炒鲍菇
129　玉米笋炒鲜菇
130　炒鲜香菇
130　双菇炒芦笋

131 咸蛋炒杏鲍菇
131 葱爆香菇
132 酱炒白灵菇
132 咖喱炒秀珍菇
133 金针菇炒黄瓜
133 香辣金针菇
134 泡菜炒双菇
134 香蒜黑珍珠菇
135 蚝油炒双菇
135 蟹味菇炒芦笋
136 糖醋金针菇
136 芦笋炒珊瑚菇
137 芥蓝秀珍菇
137 酱爆白灵菇
138 大头菜炒双菇
138 豌豆荚炒蘑菇
139 香菜炒草菇
139 黑椒鲜菇
140 椒盐香菇片
141 香辣双菇

141 香蒜奶油蘑菇
142 甜椒炒蘑菇
142 洋葱炒蘑菇
143 花椒双菇
143 法式炒蘑菇
144 咸蛋炒南瓜
144 西红柿豆腐蛋

第四章
面饭类

146 金黄蛋炒饭
146 蒜酥香肠炒饭
147 扬州炒饭
147 咸鱼鸡肉炒饭
148 樱花虾炒饭
149 肉丝炒饭
149 肉末蛋炒饭
150 韩式泡菜炒饭

150 青椒牛肉炒饭
151 夏威夷炒饭
151 姜黄牛肉炒饭
152 酸辣蛋炒饭
153 三文鱼炒饭
153 虾仁蛋炒饭
154 香椿蘑菇炒饭
154 翡翠炒饭
155 咖喱肉末炒饭
155 西芹牛肉炒饭
156 酸辣鸡肉炒饭
156 什锦炒面
157 肉丝炒面
157 洋葱肉丝炒面
158 日式炒乌冬面
159 罗汉斋炒面
159 五丝炒面
160 罗勒肉末炒面
160 泡菜炒面

切肉秘诀大公开

切片 / 逆纹切

切丝 / 顺纹切

切条 / 顺纹切

切块 / 滚刀块

切片 / 逆纹切

想要切肉片来制作成菜肴，切的时候就要沿着肉的横纹来切，也就是所谓的逆着肉纹切。这样顺着排列的肌纤维就会被切断，烹调的时候肉就不会因高温而紧缩变小。

切丝、切条 / 顺纹切

想要将肉切成肉丝或肉条时，切的时候就要沿着肉的直纹来切取，也就是所谓的顺着肉纹切。这样的切法刚好是和切片的手法相反；沿着肉的直纹切成丝或条，会因为将肉原本顺着排列的肌纤维，以顺向的方式分离成一丝一丝的细纹丝，以致肉中原有的组织形式并未被破坏掉，因此烹调的时候，这些细纹丝就不会因加热而改变原来的方向，也就不会造成肉丝或肉条的断裂。

切块 / 滚刀块

肉类除了可切片、切丝或切条之外，较为常见的就是切块。要将肉类切成块状，首先肉块不能过小，否则容易在烹调的时候发生肉汁流失或肉质松散；而过大的肉块也要花费更长的时间来烹煮。因此切成的肉块，最好是以 4 厘米见方大小的块状较为合适。

腌肉秘诀大公开

湿腌法

利用水分较多的酱汁将味道渗透到肉的纤维中，腌制出够味又鲜嫩多汁的口感。

保存方法：腌料拌匀在一起即成为腌酱汁，通常用于腌肉或是鲜鱼，之后可存放在冰箱的冷藏室中保存。如果食材都烹煮完的话，酱汁最好就不要了，因为通常腌的大多是生鲜的食材，考虑到卫生，在食材烹煮完毕后即需丢掉。

干腌法

干腌法通常以干粉、香辛料以及调料来混合，加上些许水分，腌好的肉类够味又不会抢走食材本身的滋味。

保存方法：干腌法中所调匀出来的腌料，大多量少也比较干，通常在烹调时就使用完毕，但若有食材已沾了腌料而烹煮不完的话，那么最好以干净的袋子或是盘子密封好，放入冰箱冷藏室保存，并且尽快烹煮完毕。

酱腌法

酱腌的方式，除了能保存食材的美味外，还能利用酱腌的香味提升食材的美味。

保存方法：酱腌的盐分是相当足够的，通常食材均匀涂上腌酱后，放入密封盒中密封，置入冰箱的冷藏室，保存时间就可以比较久。但是最好尽快烹调完，如腌酱未使用完毕也没接触水，就可再放入食材继续腌渍。

本书单位换算			小贴士
液体类	固体类／油脂类		由于腌酱的盐分含量过多，在给儿童及老年人食用时，要注意控制腌酱的用量。
1小匙≈5毫升	1大匙≈15克		
1大匙≈15毫升	1小匙≈5克		

海鲜挑选秘诀

贝类的新鲜分辨法

1. 观察贝类在水中的样子，如果壳微开，且会冒出气泡，再拿出水面，壳就会立刻紧闭就是很新鲜的状态；不新鲜的贝类，放在水中会没有气泡，且拿出水面时壳会无法闭合。

2. 观察外壳是否有裂痕、破损，新鲜贝类的外壳应该是完整的。

3. 拿两个贝壳互相轻敲，新鲜的应该呈现清脆的声音；若声音闷沉就表示已经不新鲜了，不要买。

螃蟹的挑选秘诀

1. 因为螃蟹腐坏的速度非常快，建议最好选购活的螃蟹。首先观察其眼睛是否明亮，如果是活的，眼睛会正常转动，若是购买冷冻的，也应选择眼睛颜色明亮有光泽的。

2. 观察蟹螯、蟹脚是否健全，若已经断落或是松脱残缺，表示螃蟹已经不新鲜了；另外，螃蟹背部的壳外观是否完整，也是判断其新鲜与否的依据。

3. 若是海蟹可以翻过来，观察腹部是否洁白，而河蟹跟海蟹都可以按压其腹部，按压新鲜螃蟹时会有饱满扎实的触感。

鲜虾的新鲜规则

1. 先看虾头，若是购买活虾，头应该完整，而已经冷藏或冷冻过的虾，头部应与身体紧连。此外，如果虾头顶呈现黑点，就表示已经不新鲜了。

2. 再来看壳，新鲜的虾壳应该有光泽且与虾肉紧连，若壳肉分离或是虾壳软化，那都是不新鲜的虾。

3. 轻轻触摸虾身，新鲜虾身不黏滑、按压时会有弹性，且虾壳完整没有残破。

鱼类外表观察原则

1. 从鱼的外观上看，首先可以观察其眼睛，眼睛清亮且黑白分明的话，表示这条鱼相当新鲜；但是如果眼睛变成混浊雾状时，表示这条鱼已经不新鲜了。

2. 观察鱼身是否有光泽度，若没有自然光泽且鱼鳞不完整，表示这条鱼就已经不新鲜了。

3. 别忘了观察鱼鳃，这可是鱼在水中时氧气供给的部位，分布了许多的血管，所以鳃一定要保持相当的色泽。因此，这里是不可以遗漏的，在检查鲜度时翻开鱼鳃部位，除了观察是否呈现鲜红色外，还可以用手轻轻摸一下，确认有没有被上色作假。

鱼肉按压挑选原则

1. 用手指按压一下鱼肉，看是否有弹性。新鲜的鱼肉组织应该是充满弹性而且表面没有黏腻感，否则会松软有黏腻感。

2. 轻轻抠一下鱼鳞，若鱼健康，鱼鳞不易被手指抠下，如果轻轻一碰鱼鳞就掉下，那表示这条鱼放很久了。

墨鱼、鱿鱼的判断法

1. 看其身体是否透明，若新鲜，身体应该呈现自然光泽、触须不断落、表皮完整；如果变成灰暗的颜色、表皮无光泽，说明不新鲜了，千万不要选。

2. 摸一下其表面是否光滑，新鲜的，轻轻按压会有弹性，如果失去弹性且表皮黏滑，说明其已经失去新鲜度了。

食材挑选秘诀

叶菜类的挑选及保鲜诀窍

挑选叶菜时要注意叶片要翠绿、有光泽，茎的纤维不可太粗，可先折折看，如果折不断表示纤维太粗。通常叶菜类就算放在冰箱冷藏也没办法长期储存，叶片容易干枯或变烂。保持叶菜新鲜的秘诀就在于保持叶片水分不散失。放入冰箱冷藏前，可用报纸包起来，根茎朝下，直立放入冰箱冷藏。千万别将根部先切除，也别事先水洗或密封在塑料袋中，以免加速腐烂。

根茎类的挑选及保鲜诀窍

根茎类的蔬菜较耐保存，因此市售的根茎类蔬菜外观通常不会太差，挑选时注意表面无明显伤痕即可。可轻弹几下看是否空心，因为

根茎类蔬菜通常是从内部开始腐烂，此外如果土豆已经发芽也千万别挑选。洋葱、萝卜、牛蒡、山药、红薯、芋头、莲藕等只要保持干燥，放置通风处，通常可以存放很久，放进冰箱反而容易腐坏，尤其是土豆。

瓜果类的挑选及保鲜诀窍

绿色的瓜果类蔬菜，挑选时应尽量选瓜皮颜色深绿、没有软化且有重量感的。冬瓜通常是一片片买，尽量挑选表皮呈现亮丽的白绿色且没有损伤者。苦瓜表面的颗粒愈大愈饱满，就表示瓜肉越厚，外形要呈现漂亮的亮白色或翠绿色，若出现黄化，就表示果肉已经过熟，

不够清脆了。瓜果类可以先切去蒂头以延缓老化，拭干表面的水分后，用报纸包裹再放入冰箱冷藏避免水分流失。已经切片的冬瓜，则需用保鲜膜包好再放入冰箱，就可以延长保鲜期。

豆类的挑选及保鲜诀窍

挑选豆类蔬菜时，若是含豆荚的，如四季豆、扁豆等，要选豆荚颜色翠绿且有脆度的；而单买豆仁类时，则要选择形状完整、大小均匀且没有暗沉光泽的。豆荚类容易干枯，所以尽可能密封好，放入冰箱冷藏；而豆仁可放置通风阴凉的地方，亦可放冰箱冷藏，但同样需保持干燥。

鸡蛋、鸭蛋的挑选诀窍

1. 观察蛋壳的粗糙度，表面越粗糙越新鲜。

2. 取容器装满盐水，并将蛋放入盐水中观察。新鲜鸡蛋会沉入底部不浮起；越不新鲜的蛋，圆端容易朝上浮起。

3. 将蛋打入微深的盘中，蛋黄表面越饱满突出、蛋清越稠厚的，越新鲜；反之，就越不新鲜。

4. 摇动蛋，如果感觉内部有声响，则表示不新鲜。

皮蛋的挑选诀窍

1. 正常颜色为墨绿色，且摇动时极富弹性。

2. 蛋壳表面斑点较多及剥壳后蛋白较黑绿与有斑点者，在制作时加有较多可凝结蛋液的铅与铜，不宜选购。

菇类的挑选诀窍

1. 鲜香菇：好的鲜香菇伞部圆厚且无缺口，菇轴的水分呈现饱满状，菌丝呈白色。鲜香菇最适合裹粉后油炸。

2. 杏鲍菇：口感和鲍鱼相似的杏鲍菇吃起来带有杏仁的香气，且根部弹劲十足。杏鲍菇经常被切片后熬汤或热炒。

3. 金针菇：挑选金针菇时可选色泽鲜艳白皙、伞部平滑有水分的；金针菇常搭配火锅食用，但拿来烧烩烹饪则风味独特。

4. 蘑菇：买蘑菇时要注意伞部有无黑点或破损，好的蘑菇伞部呈现圆墩形且质地扎实，根部粗厚无黑点，闻起来有菇的香味。

豆腐的挑选诀窍

1. 板豆腐：被称为板豆腐的原因是因为其使用木板成形，亦可称为传统豆腐、硬豆腐、老豆腐。其口感略硬、豆香味浓郁，不论是煎、煮、炒、卤、红烧，或蘸酱食用都非常适合。

2. 百叶豆腐：口感较一般豆腐有弹性，原因是制作时多了蒸的工序，使其组织变得绵密扎实、不易破碎。内部孔隙易于吸收汤汁，适用于炖卤或制作富含汤汁的菜肴。

3. 嫩豆腐：超市出售的盒装嫩豆腐因为凝固方式不同，口感较板豆腐更为滑嫩，但易碎、不利久煮。

4. 冻豆腐：冻豆腐是以板豆腐为基底再加工的豆腐，制作方式非常简单，只要将板豆腐放入冰箱冷冻至硬，食用时取出解冻即可，其口感特殊，适合制作汤汁丰富的菜肴或火锅等。

第一章

肉类

　　快炒店里的肉类菜不论猪、牛、鸡、鸭、鹅，都经过大火快速炒熟以及绝配的调味方式，配饭也好下酒也行，不但能满足口腹之欲，也让辛劳工作一整天的身体有了完美的慰藉。我们不能天天吃快炒店的快炒，却可以通过自己的双手制作出美味的快炒菜。让我们一起把最爱的肉类快炒带回家吧！

客家小炒

材料
五花肉条、泡发鱿鱼条各200克，豆干条180克，葱段25克，红椒丝、蒜末各10克，姜末5克，虾米15克

调料
酱油、米酒各1大匙，白糖1小匙，五香粉、胡椒粉、盐各少许，食用油适量

做法
❶ 热锅，加入适量食用油，放入五花肉条炒至变色，再放入蒜末、姜末、虾米、豆干条炒香。

❷ 续放入葱段、红椒丝、鱿鱼条拌炒均匀，再加入其余调料炒香。

回锅肉

材料
五花肉300克，青椒1个，豆干3片，洋葱1/2个，蒜3瓣，胡萝卜片20克

调料
鸡精1小匙，酱油、米酒、香油、沙茶酱各1大匙，食用油适量

做法
❶ 先将五花肉洗净，切成薄片；青椒洗净后去籽，切片；豆干洗净后切片；洋葱、蒜均洗净，切成片状，备用。

❷ 将做法1的所有材料和胡萝卜片依序放入油温为200℃的油锅中，稍微过油让材料熟透，即可捞起沥油。

❸ 锅留底油，放入做法2炸好的所有材料，再加入其余的调料，以大火翻炒均匀即可。

干锅排骨

材料
排骨800克，蒜片20克，干红椒、姜片各10克，芹菜80克，水150毫升，蒜苗50克

调料
蚝油、辣豆瓣酱、白糖各1大匙，花椒3克，绍兴酒50毫升，食用油适量

做法
1. 将排骨洗净剁小块；蒜苗和芹菜均洗净切段，备用。
2. 热锅，加入食用油，以小火爆香蒜片、姜片、花椒及干红椒，加入辣豆瓣酱炒香。
3. 锅中放入排骨，加入水和其余调料炒匀，以小火烧20分钟至汤汁略收干，最后加入蒜苗段及芹菜段炒匀即可。

葱爆肉丝

材料
猪肉丝180克，葱150克，姜、红椒各10克

调料
水、蛋清各1大匙，酱油适量，白糖、淀粉、水淀粉、香油各1小匙，食用油2大匙

做法
1. 猪肉丝加水、淀粉、蛋清及少许酱油抓匀腌制2分钟；葱洗净切段；姜及红椒均洗净切细丝。
2. 热锅，倒入2大匙食用油，加入猪肉丝，以大火快炒至肉表面变白，捞出。
3. 锅留底油，小火爆香葱段、姜丝、红椒丝后，放入剩余酱油、白糖及水炒匀，加入猪肉丝，大火快炒10秒后加入水淀粉勾芡炒匀，最后洒入香油即可。

橙汁排骨

材料
排骨300克，橙子3个

调料
浓缩橙汁1大匙，醋2大匙，白糖1小匙，盐1/4小匙，水淀粉6毫升，食用油适量

腌料
盐、白糖各1/4小匙，小苏打粉1/2小匙，淀粉1小匙，面粉1大匙

做法
1. 排骨剁成小块，冲水15分钟去腥膻，沥干，加入腌料并不断搅拌至粉完全吸收，静置30分钟；橙子2个榨汁，1个切片。
2. 排骨入160℃的油锅中以小火炸3分钟，关火2分钟再开大火炸2分钟，捞出沥油，其余调料（水淀粉除外）、橙汁、橙片入锅煮匀，加水淀粉勾芡，淋入排骨中炒匀。

豆干炒肉丝

材料
猪瘦肉丝200克，黑豆干2块，葱段、蒜各10克

调料
酱油膏1大匙，鸡精、橄榄油各1/2小匙，食用油适量

腌料
料酒、酱油、淀粉各1小匙，水2大匙

做法
1. 猪瘦肉丝加入腌料，拌匀放置15分钟。
2. 黑豆干洗净，沥干切丝；蒜洗净切片。
3. 煮一锅水，将猪瘦肉丝余烫至八分熟后，捞起沥干备用。
4. 取一不粘锅放食用油后，先爆香蒜片，再放入黑豆干丝炒香。
5. 加入猪瘦肉丝拌炒，并加入其余调料拌炒均匀，起锅前加入葱段炒匀即可。

韭黄炒肉丝

材料
韭黄250克，里脊肉150克，蒜末、红椒各10克

调料
盐1/3小匙，米酒1大匙，鸡精、水各少许，香油1小匙，食用油适量

腌料
盐、淀粉各少许，蛋清1小匙，米酒1大匙

做法
❶ 里脊肉洗净切丝，加入腌料拌匀，腌5分钟，再放入油锅中过油，捞出备用。
❷ 韭黄洗净切段，将韭黄头跟韭黄尾分开；红椒洗净切丝，备用。
❸ 热锅入食用油，放入蒜末爆香，放入韭黄头炒数下，再放入韭黄尾、红椒丝、盐、米酒、鸡精、水和里脊肉丝，快炒至韭黄微软，最后淋上香油拌匀即可。

京酱肉丝

材料
猪肉丝250克，葱60克，红椒丝少许

调料
水淀粉1小匙，水50毫升，甜面酱3大匙，番茄酱、白糖各2小匙，香油1大匙，食用油2大匙

做法
❶ 先将葱洗净后切丝，放置于盘上垫底。
❷ 将锅烧热，倒入2大匙食用油，将猪肉丝与水淀粉抓匀后下锅；以中火炒至猪肉丝变白后加入水、甜面酱、番茄酱及白糖，持续炒至汤汁收干后加入香油拌匀即可。
❸ 最后将肉丝盛至葱丝上，撒上红椒丝装饰即可。

豆酱炒五花肉

材料

五花肉150克，芹菜100克，蒜10克，葱20克

调料

黄豆酱、米酒各2大匙，辣椒酱、食用油各1大匙，水3大匙，白糖、水淀粉、香油各1小匙

做法

❶ 将五花肉洗净切成长条状；芹菜、葱洗净切小段；蒜洗净切末，备用。

❷ 热锅入食用油，以小火将五花肉煸炒至表面变白后，再放入蒜末及葱段炒香。

❸ 加入黄豆酱及辣椒酱略炒香，再倒入米酒、白糖及水，以小火煮至汤汁略收干。

❹ 再加入芹菜段炒匀，并用水淀粉勾芡，洒上香油即可。

香辣肉丁

材料

梅花肉200克，干红椒3克，葱花、蒜末各30克

调料

酱油、蛋清、米酒、淀粉各1大匙，花椒粉、孜然粉各1/2小匙，盐1/4小匙，食用油250毫升

做法

❶ 将梅花肉切成2厘米大小的丁，加酱油、蛋清、米酒、淀粉抓匀，备用。

❷ 热锅入食用油，加热至180℃后，再加入肉丁以大火炸2分钟至表面金黄干香盛出。

❸ 锅底留少许油，加入葱花、蒜末、干红椒炒香，再将肉丁加入炒匀，并撒入花椒粉、孜然粉及盐，快速翻炒均匀即可。

糖醋里脊

材料
里脊肉300克，洋葱30克，甜椒60克，淀粉100克

调料
盐1/6小匙，淀粉、蛋清各1小匙，米酒、香油各1大匙，白醋、番茄酱、水各2大匙，白糖2大匙，水淀粉1/2小匙，食用油400毫升

做法
❶ 里脊肉洗净切小块，用盐、淀粉、米酒、蛋清腌制；洋葱、甜椒洗净切块。

❷ 腌好的里脊肉块裹上淀粉捏紧，入热油锅中以小火炸至熟，捞起沥油。

❸ 锅留余油，下洋葱块、甜椒块略炒，加白醋、番茄酱、水、白糖煮滚后，用水淀粉勾芡，放里脊肉炒至芡汁收干，关火洒香油拌匀即可。

咕咾肉

材料
梅花肉、淀粉各100克，洋葱20克，菠萝50克，青椒15克，红椒1/4个

调料
白醋100毫升，白糖120克，盐1/8小匙，番茄酱2大匙，食用油适量

腌料
盐1克，米酒1小匙，胡椒粉1/6小匙，蛋液1大匙

做法
❶ 梅花肉洗净切1.5厘米的厚片，加入腌料拌匀，再裹上淀粉，并抖去多余的淀粉。

❷ 青椒、红椒、菠萝、洋葱皆洗净切片。

❸ 将梅花肉逐块放入油锅中，小火炸1分钟，转大火炸30秒捞出沥油。

❹ 锅留底油，加入做法2的材料炒软，加入其余调料煮滚后，放入炸肉块炒匀即可。

酸菜炒五花肉

材料
五花肉200克，酸菜300克，蒜片10克，红椒圈15克

调料
盐、酱油、白糖各1/2小匙，米酒、食用油各1大匙，胡椒粉少许，醋1小匙

做法
❶ 五花肉洗净切片；酸菜略为冲洗后切小段，备用。

❷ 热锅倒入1大匙食用油，放入五花肉片炒至油亮，再加入蒜片和红椒圈爆香。

❸ 于锅中续放入酸菜段拌炒均匀，加入其余调料翻炒至入味即可。

泡菜炒肉片

材料
猪瘦肉片200克，韩式泡菜80克，韭菜150克，蒜2瓣

调料
米酒、酱油各1小匙，水1大匙，淀粉、橄榄油各1/2小匙，食用油适量

做法
❶ 猪瘦肉片加入部分调料（食用油除外），拌匀，放置15分钟；泡菜洗净切段沥干；韭菜洗净切段沥干；蒜洗净切片备用。

❷ 煮一锅水，将猪肉片放入氽烫至八分熟后，捞起沥干备用。

❸ 取锅放食用油后，先爆香蒜片，续放入泡菜段及少许水（分量外），拌炒至泡菜软化；放入猪肉片及韭菜段略炒后，最后加入其余调料拌炒均匀即可。

黑木耳炒肉片

材料
五花肉片、黄豆芽各100克，蒜2瓣，韭菜30克，水发黑木耳2朵，鸡蛋1个

调料
酱油、盐各1小匙，白糖1/2小匙，食用油少许

做法
❶ 蒜洗净切片；黄豆芽去头洗净；韭菜洗净切段；鸡蛋打散成蛋液；黑木耳去蒂头洗净切丝。

❷ 取炒锅，加少许食用油加热，倒入蛋液先炒至八分熟后取出，放入五花肉片煸熟，取出备用。

❸ 原锅留油，放入蒜片爆香，放入黄豆芽、韭菜段、黑木耳丝炒熟。

❹ 放入鸡蛋、五花肉片及其余调料，拌炒均匀即可。

打抛猪肉

材料
猪绞肉200克，洋葱1/2个，蒜3瓣，红椒2个，葱2棵，生菜叶3片

调料
泰式打抛酱3大匙，盐、黑胡椒粉、白糖各少许，米酒、食用油各1大匙

做法
❶ 将洋葱、蒜、红椒、葱都洗净切碎。

❷ 生菜叶洗净，泡冰水备用。

❸ 锅烧热，加入1大匙食用油，先加入猪绞肉以中火爆香，再加入做法1的所有材料与其余调料一起翻炒均匀。

❹ 起锅，将生菜叶当作容器，盛装做法3的打抛猪肉食用即可。

香蒜干煸肉

材料

五花肉	200克
蒜苗	100克
红椒	15克

调料

食用油	适量
盐	1/2小匙
花椒粉	1克

做法

1. 将五花肉洗净切薄片。
2. 蒜苗及红椒洗净切丝，备用。
3. 热锅，加入食用油，以小火将五花肉煸至焦香出油。
4. 加入花椒粉及红椒丝煸香。
5. 最后放入盐及蒜苗丝炒匀即可。

芹菜炒肉片

材料
去皮五花肉300克，芹菜120克，葱花30克，蒜末、红葱末各1小匙

调料
酱油1小匙，盐、胡椒粉各1/4小匙，白糖、香油各1/2小匙，食用油2小匙

腌料
酱油、淀粉各1小匙，盐、白糖各1/4小匙

做法
❶ 芹菜洗净，摘去叶片，切1厘米长的小段；五花肉洗净，切成0.5厘米的厚片，加入腌料拌匀。

❷ 热锅，加入食用油，放入五花肉片，以小火煸至两面上色。

❸ 续于锅中放入芹菜段和其余材料，炒香后放入其余调料炒2分钟即可。

香油炒肉片

材料
猪瘦肉350克，姜丝15克

调料
米酒1大匙，盐1/4小匙，白糖少许，酱油1小匙，香油2大匙

做法
❶ 猪瘦肉洗净切片备用。

❷ 热锅加入2大匙香油，放入姜丝爆香。

❸ 接着放入肉片炒至颜色变白，续加入其余调料炒至入味即可。

粉丝炒肉末

材料
粉丝3把，猪绞肉150克，葱末20克，红椒末、蒜末各10克，水100毫升

调料
辣豆瓣酱2大匙，酱油、鸡精各1/2小匙，盐、白胡椒粉各少许，食用油2大匙

做法
1. 粉丝放入滚水中焯烫至稍软后，捞起沥干，备用。
2. 将锅烧热，放入2大匙食用油，爆香蒜末，再放入猪绞肉炒散后，加入辣豆瓣酱、酱油炒香。
3. 续于锅中入水、粉丝、鸡精、盐、白胡椒粉炒至入味，起锅前撒上葱末、红椒末拌炒均匀即可。

蒜苗炒咸猪肉

材料
熟咸猪肉500克，蒜苗3根，红椒段适量

调料
盐、白糖各1/4小匙，食用油少许

做法
1. 熟咸猪肉斜切成薄片；蒜苗洗净，切斜刀片状，备用。
2. 锅入油烧热，将咸猪肉片放入锅中，以小火煎煸至出油。
3. 接着放入红椒段、蒜苗片和其余调料，快速翻炒2分钟即可。

酸菜炒咸猪肉

材料
咸猪肉150克，酸菜30克，姜20克，葱1棵，红椒10克，蒜苗段80克，水50毫升

调料
酱油、白糖各1小匙，米酒1大匙，食用油少许

做法
1. 咸猪肉切斜片，放入加了少许油的锅中，炒香备用。
2. 酸菜、姜均洗净切片；葱洗净切段；红椒洗净切菱形片备用。
3. 锅留余油，放入做法2的所有材料爆香。
4. 再加入其余调料、水和咸猪肉片、蒜苗段，炒匀即可。

香肠炒小黄瓜

材料
香肠5根，小黄瓜片100克，蒜片5克，红椒圈3克，上海青段适量，水50毫升

调料
鸡精、香油各1小匙，盐、黑胡椒粉、食用油各少许

做法
1. 香肠洗净切片状备用。
2. 取锅，加入少许食用油烧热，放入小黄瓜片、蒜片、红椒圈、上海青段、香肠片和水翻炒均匀。
3. 续于锅中加入其余调料快炒后，盖上锅盖焖至汤汁略收且小黄瓜熟软即可。

香肠炒蒜苗

材料
香肠120克，蒜苗片30克，蒜末、红椒圈各10克

调料
酱油、米酒各1大匙，白糖1小匙，食用油少许

做法
1. 香肠放入蒸锅中以大火蒸5分钟，取出后切斜片状。
2. 热炒锅，加入少许食用油，放入蒜苗片、蒜末、红椒圈炒香，接着放入香肠片与其余调料炒匀即可。

腊肠炒年糕

材料
年糕1包，广式腊肠2根，蒜苗10克，红椒丝1大匙，蒜末1/2小匙，沸水400毫升

调料
蚝油、食用油各1大匙，盐、白糖各1/4小匙

做法
1. 广式腊肠放入电饭锅，外锅加入120毫升水，按下开关，蒸10分钟至熟，取出切片备用。
2. 蒜苗洗净切片；年糕抓散放入滚水中泡软后，沥干。
3. 取锅，加入油，放入蒜末和广式腊肠片爆香，再放入沥干的年糕、水和其余调料炒3分钟，最后加入蒜苗片和红椒丝翻炒1分钟即可。

生炒猪心

材料
猪心150克，葱段40克，姜片10克

调料
盐1/4小匙，酱油、米酒、香油各1大匙，乌醋、白糖各1小匙，水3大匙，食用油少许

做法
❶ 猪心洗净切片状，备用。

❷ 热炒锅，加入少许食用油，放入葱段、姜片爆香，接着放入猪心片及其余调料，转大火炒匀即可。

姜丝炒猪大肠

材料
猪大肠300克，姜100克，红椒10克，香菜少许

调料
白醋3大匙，盐1/4小匙，香油、白糖各1大匙，米酒、食用油各2大匙，水淀粉1小匙

做法
❶ 将处理干净的猪大肠放入沸水中，氽烫10秒后，取出沥干切小段备用。

❷ 姜及红椒均洗净切丝备用。

❸ 热锅，倒入2大匙食用油，放入姜丝、红椒丝略炒香，再放入猪大肠及白醋、盐、白糖、米酒，以大火快炒均匀。

❹ 用水淀粉勾薄芡后，淋上香油，撒上香菜即可。

苦瓜炒猪大肠

材料
白玉苦瓜350克，猪大肠150克，姜片、红椒段各5克，香菜少许，水700毫升

调料
盐1/2小匙，白糖1小匙，酱油1大匙，米酒2大匙，食用油少许

做法
❶ 白玉苦瓜洗净，去籽切宽条，猪大肠洗净切段，都放入滚水中汆烫捞起备用。
❷ 锅烧热，放入少许油，加入姜片、红椒段爆香。
❸ 再加入白玉苦瓜条和猪大肠，炒匀。
❹ 最后加入其余调料和水拌炒至熟，用香菜装饰即可。

韭菜炒猪血

材料
猪血300克，酸菜40克，韭菜60克，胡萝卜、姜各10克，葱1棵

调料
酱油、米酒各1大匙，白糖、白胡椒粉各1/2小匙，食用油适量

做法
❶ 猪血洗净切块，酸菜洗净切片，都放入滚水烫熟，捞起备用。
❷ 韭菜洗净切段；胡萝卜洗净切片；葱洗净切段；姜洗净切片，备用。
❸ 锅烧热，放入适量食用油，加入姜片、葱段和胡萝卜片炒香，再放入猪血和酸菜。
❹ 加入其余调料和韭菜段，快炒均匀即可。

韭菜炒猪肝

材料
猪肝200克，胡萝卜片10克，酸竹笋片、韭菜段各40克，姜片10克，葱段20克

调料
盐1小匙，白糖1/2小匙，米酒1大匙，白胡椒粉、食用油、淀粉各少许

做法
1. 将猪肝洗净切厚片，加少许淀粉抓匀，放入滚水中汆烫捞起备用。
2. 将锅烧热，放入少许油，加入酸竹笋片、姜片、葱段炒香。
3. 再放入猪肝片、胡萝卜片和其余调料，以大火快炒。
4. 最后拌入韭菜段炒匀即可。

酸菜炒猪肚丝

材料
卤猪肚150克，蒜末、红椒圈各10克，酸菜丝、芹菜段各30克

调料
白糖1小匙，酱油、米酒、乌醋、香油各1大匙，食用油少许

做法
1. 卤猪肚切丝状，备用。
2. 热炒锅，加入少许食用油，放入除猪肚外的其他材料炒香，接着加入猪肚丝和其余调料炒匀即可。

蒜苗炒猪肚

材料
熟猪肚1个，蒜苗、芹菜各3根，红椒1个，蒜3瓣

调料
沙茶酱、香油各1小匙，米酒1大匙，盐、白胡椒粉、食用油各少许

做法
1 熟猪肚切小条状，备用。

2 蒜苗和芹菜洗净切斜段；红椒和蒜洗净切片备用。

3 起锅，加入少许食用油烧热，放入做法2的材料爆香，再加入猪肚条和其余调料，炒匀至汤汁略收即可。

蒜香炒猪皮

材料
卤猪脚皮120克，蒜末30克，红椒圈10克，蒜苗段60克

调料
酱油、米酒各1大匙，乌醋、白糖、香油各1小匙，食用油少许

做法
1 卤猪脚皮切条状，备用。

2 热炒锅，加入少许食用油，放入蒜末、红椒圈、蒜苗段炒香，接着加入猪脚皮与其余调料炒匀即可。

香油炒猪腰

材料
猪腰300克，姜片50克，枸杞子10克，葱段20克

调料
香油4大匙，酱油1大匙，米酒4大匙

做法
1. 枸杞子用冷水泡软后捞出；猪腰洗净后划十字刀，再切成块状，加入2大匙米酒浸泡10分钟，备用。
2. 冷锅入香油，接着加入姜片、葱段炒香，再加入猪腰块，炒至熟，起锅前加入其余调料与枸杞子炒匀即可。

酱爆牛腱

材料
卤牛腱150克，葱80克，红椒20克，蒜10克

调料
甜面酱、米酒各2大匙，白糖、香油各1小匙，食用油1大匙

做法
1. 将卤牛腱切片；葱洗净切段；蒜洗净切片；红椒洗净切圈，备用。
2. 热锅，加入食用油，以小火爆香蒜片和红椒圈，再加入卤牛腱片煸香。
3. 加入葱段炒香后，再加入甜面酱、米酒、白糖炒匀，最后洒入香油即可盛出。

苦瓜炒牛肉

材料
牛肉条120克，白玉苦瓜片100克，葱段30克，姜丝10克，红椒丝5克

调料
酱油、米酒、香油各1大匙，蚝油、白糖各1小匙，食用油少许

腌料
盐1/4小匙，酱油、米酒、香油、水各1大匙

做法
1. 取牛肉条加入所有腌料抓匀后腌20分钟，备用。
2. 热炒锅，加入少许食用油，放入牛肉条炒至六分熟，盛出。
3. 原锅留底油，加入白玉苦瓜片、葱段、姜丝、红椒丝炒香，最后加入牛肉条与其余调料炒匀即可。

酸姜牛肉丝

材料
牛肉110克，红椒40克，酸姜15克

调料
白醋、水各1大匙，白糖2小匙，水淀粉、香油各1小匙，食用油3大匙

腌料
淀粉1小匙，酱油1小匙，蛋清1大匙

做法
1. 牛肉洗净切丝，加入腌料腌制15分钟；红椒洗净去籽、切丝；酸姜切丝，备用。
2. 热锅入2大匙食用油，将牛肉丝炒至断生。
3. 另热锅，加入1大匙食用油，爆香红椒丝、酸姜丝，加入牛肉丝快炒5秒，加入白醋、白糖及水炒匀，再加入水淀粉勾芡，最后淋上香油炒匀即可。

泡菜炒牛肉

📋 材料
韩式泡菜100克，牛肉500克，蒜苗40克，姜末10克

🥣 调料
辣椒酱1大匙，酱油少许，白糖1小匙，食用油2大匙

🍴 做法
❶ 韩式泡菜切段；蒜苗洗净切小段；牛肉洗净切薄片，备用。

❷ 热锅，加入2大匙食用油，放入牛肉片及姜末，以小火炒至牛肉散开变白。

❸ 在锅中加入辣椒酱炒香，接着加入韩式泡菜、蒜苗及酱油、白糖，以大火翻炒2分钟至汤汁收干即可。

莼菜炒牛肉

📋 材料
莼菜300克，牛肉片150克，蒜片5克，红椒1/3个

🥣 调料
酱油膏、食用油各1大匙，米酒、香油各1小匙，盐、白胡椒粉各少许

🍴 做法
❶ 莼菜洗净切成小段，再泡入冷水中；牛肉片洗净切条；红椒洗净切成圈状，备用。

❷ 热锅，先加入1大匙食用油，再加入牛肉条炒香，炒至牛肉条变白后加入蒜片和红椒圈，再以大火翻炒均匀。

❸ 续于锅中加入处理好的莼菜和其余调料，一起翻炒均匀即可。

牛肉炒山苏

材料
牛肉丝230克，山苏150克，蒜、红椒各适量

调料
盐、白糖、白胡椒粉、淀粉、食用油各少许

腌料
酱油、米酒、淀粉各1小匙

做法
❶ 牛肉丝放入腌料腌制15分钟；山苏去蒂，洗净后切大段，略焯烫；蒜、红椒洗净切片，备用。

❷ 热锅入油，加入牛肉丝，以小火煸炒至出油，再加入蒜片、红椒片炒香。

❸ 再加入山苏、剩余调料翻炒均匀，盛出摆盘即可。

蒜苗炒牛绞肉

材料
牛绞肉300克，蒜苗100克，红椒、蒜末、豆豉各30克

调料
酱油、米酒各1大匙，香油、白糖各1小匙，食用油适量

做法
❶ 蒜苗洗净切碎；红椒洗净切圈；豆豉稍洗净沥干，备用。

❷ 锅烧热，倒入适量食用油，放入做法1的材料和蒜末爆香。

❸ 再放入牛绞肉炒至变白，加入其余调料炒匀即可。

青椒炒牛肉片

材料
牛肉片200克，洋葱片、青椒片各50克，胡萝卜片30克，蒜末10克

调料
盐1/4小匙，鸡精、水淀粉、水、黑胡椒粉各少许，米酒1大匙，食用油2大匙

腌料
酱油、蛋液、米酒各少许

做法
1. 牛肉片加入所有腌料拌匀，备用。
2. 热锅，加入2大匙食用油，放入蒜末、洋葱片爆香，再加入牛肉片拌炒至六分熟，接着放入青椒片、胡萝卜片、其余调料炒至入味即可。

韭黄炒牛肉丝

材料
牛肉丝150克，韭黄段200克，水发黑木耳100克，胡萝卜30克，蒜2瓣

调料
鸡精1/2小匙，盐适量，橄榄油1/2小匙

腌料
米酒、酱油各1小匙，水1大匙，淀粉1/2小匙

做法
1. 牛肉丝加入腌料搅拌均匀，放置15分钟。
2. 水发黑木耳、胡萝卜洗净，切丝；蒜洗净，切片。
3. 牛肉丝入开水中汆烫至八分熟，然后捞起沥干。
4. 不粘锅入油，爆香蒜片，放入韭黄段、黑木耳丝、胡萝卜丝及少许水拌炒，接着加入牛肉丝及其余调料拌炒均匀即可。

酱爆牛肉

材料

牛肉	200克
洋葱	80克
青椒	60克
蒜末	1/2小匙
姜末	1/2小匙

调料

淀粉	1小匙
酱油	1小匙
蛋清	1大匙
辣椒酱	1大匙
番茄酱	2大匙
高汤	50毫升
白糖	1小匙
水淀粉	1/2小匙
食用油	3大匙

做法

1. 牛肉洗净，切成宽3厘米的片状，与淀粉、酱油、蛋清拌匀，腌制15分钟备用。
2. 洋葱、青椒切成粗丝，洗净沥干，备用。
3. 热锅，倒入2大匙油，将牛肉放入锅中，以大火快炒至表面变白即捞出。
4. 另热锅倒入1大匙油，先以小火爆香蒜末及姜末，再加入辣椒酱及番茄酱拌匀，转小火炒至油变红且香味溢出。
5. 于锅中倒入高汤、白糖、青椒及洋葱，大火快炒10秒，加入牛肉快炒5秒后加入水淀粉勾芡即可。

韭黄炒牛肚丝

材料
熟牛肚（切丝）150克，韭黄段100克，竹笋丝20克，蒜末5克，红椒丝10克

调料
白醋1小匙，酱油1小匙，米酒、盐、白胡椒粉、白糖各适量，水淀粉1大匙，香油1小匙，食用油2大匙

做法
❶ 热一炒锅，放入切丝的熟牛肚，加入1大匙食用油、蒜末、白醋、酱油、米酒炒匀，捞起备用。

❷ 另起锅，加1大匙食用油，放入其余材料爆香，续放入牛肚丝、盐、白糖、白胡椒粉炒匀，最后加入水淀粉勾芡，并洒上香油即可。

牛肉炒芹菜

材料
牛肉200克，芹菜3根，玉米笋10根，红椒1个，蒜片5克，香菜少许

调料
白胡椒粉、盐、香油各1小匙，番茄酱、水各3大匙，白糖2大匙，食用油少许

做法
❶ 芹菜洗净切段；玉米笋洗净，纵向切开；红椒洗净，切圈备用。

❷ 牛肉洗净切丁，泡入冷油中3分钟。

❸ 起炒锅入油，先放入红椒圈和蒜片爆香，将牛肉丁放入拌炒，再加入做法1的其余材料与其余调料，一起翻炒均匀即可。

牛肉杏鲍菇

材料
杏鲍菇3个，牛肉150克，蒜2瓣，四季豆50克，红椒1个，百里香适量

调料
盐、黑胡椒粉各少许，综合香料1小匙，奶油、食用油各1大匙

做法
1. 杏鲍菇洗净切块；牛肉洗净切块；蒜与红椒皆洗净切片；四季豆洗净切斜段。
2. 取炒锅，倒入1大匙食用油烧热，再加入牛肉块与杏鲍菇块，以中火将表面煎至上色后盛起。
3. 原锅放入蒜片与红椒片，以中火爆香，再放入四季豆段炒香，最后加入其余调料、杏鲍菇块和牛肉块，拌炒均匀，盛出后放入百里香即可。

蟹味菇炒牛肉

材料
牛肉丝150克，蟹味菇120克，洋葱50克，红椒1个

调料
蚝油1小匙，酱油1大匙，白糖、橄榄油各1/2小匙，盐1/4小匙，食用油少许

腌料
米酒1小匙，酱油1小匙，水1大匙，淀粉1/2小匙

做法
1. 牛肉丝加入腌料搅拌均匀，放置15分钟。
2. 蟹味菇洗净；洋葱和红椒洗净切丝。
3. 蟹味菇入沸水锅焯烫，捞起沥干；牛肉丝余烫至八分熟后，捞起沥干备用。
4. 取净锅放食用油，爆香洋葱丝、红椒丝。
5. 加蟹味菇、牛肉丝及其余调料炒熟即可。

干锅猪大肠

材料
猪大肠200克，四季豆100克，干红椒30克，葱段、蒜末各20克

调料
白醋、酱油膏、白糖各1大匙，红油3大匙，花椒10克，食用油少许

做法
1. 先将四季豆洗净切段；猪大肠洗净，放入沸水中煮软后捞起，切圈备用。
2. 取油锅，放入四季豆段、猪大肠略炸后捞出备用。
3. 锅留底油，将其余材料放入锅中爆香，再倒入炸好的四季豆段及猪大肠，加入其余调料，拌炒均匀至收汁即可。

滑蛋牛肉

材料
牛肉片300克，鸡蛋3个，葱段20克，蒜2瓣

调料
盐适量，食用油适量，水3小匙

腌料
白糖、酱油各1小匙，米酒1大匙，水4大匙

做法
1. 蒜洗净切片；鸡蛋打散，加3小匙水及少许盐搅匀。
2. 牛肉片加所有腌料拌匀，腌制30分钟。
3. 热锅，加食用油，放入牛肉片，快速炒散至变色，马上捞起沥油备用。
4. 锅留底油，倒入蛋液炒至半熟捞起。
5. 原锅爆香葱段、蒜片，放入牛肉片及蛋炒匀，加盐调味即可。

葱爆牛肉

材料
牛肉片200克，葱150克，姜片8克

调料
水30毫升，蚝油1大匙，盐、白糖各2克，米酒1小匙，水淀粉、食用油各适量

腌料
酱油1小匙，白糖、小苏打粉各1/4小匙

做法
❶ 牛肉片加腌料静置15分钟；葱洗净，切成3厘米长段，葱白和葱绿分开。

❷ 热油锅，烧热至160℃，放入牛肉片，搅散后炸至肉色变白盛出，油倒出。

❸ 重新加热锅，放入少许食用油、姜片、葱白，以小火炒2分钟，加入牛肉片、葱绿，加水、蚝油、盐、白糖、米酒，炒至汤汁收干，加水淀粉勾芡即可。

椒盐牛小排

材料
牛小排500克，葱3棵，蒜6瓣，红椒2个，生菜叶适量

调料
淀粉、酱油各1小匙，蛋清1大匙，嫩肉粉、盐各1/4小匙，黑胡椒粉1/2小匙，食用油适量

做法
❶ 牛小排洗净切成块，加嫩肉粉、淀粉、酱油、蛋清抓匀，腌制20分钟；葱、蒜、红椒洗净切碎，备用。

❷ 炒锅加热，加入食用油，油温热至160℃，将牛小排一块块放入油锅中，以大火炸30秒，捞出沥干油。

❸ 锅留底油，爆香葱、蒜及红椒碎，加牛小排、盐及黑胡椒粉炒匀，盘底铺上洗净的生菜叶，盛出装盘即可。

菠萝炒牛肉

材料
牛肉片140克，菠萝120克，姜片5克，红椒60克，香菜适量

调料
淀粉、米酒、香油各1小匙，蛋清、食用油、白醋、番茄酱、水各1大匙，盐1/4小匙，白糖2大匙，水淀粉1/2大匙

做法
1. 牛肉片加淀粉、蛋清、米酒腌制；菠萝切片；红椒洗净切片。
2. 热锅加入1大匙食用油，放入牛肉片，快炒30秒至肉变白、散开，盛出沥干油。
3. 锅留底油，爆香姜片，加入菠萝片、红椒片及白醋、番茄酱、水、盐、白糖炒匀，再加入牛肉片炒匀，以水淀粉勾芡，淋上香油，撒上香菜即可。

西芹炒牛柳

材料
牛肉120克，西芹100克，甜椒、姜片、葱段各10克

调料
蚝油、米酒、水淀粉各1大匙，酱油、白糖、香油各1小匙，食用油200毫升

腌料
酱油、白胡椒粉、香油、淀粉各适量

做法
1. 牛肉洗净切条，加腌料腌10分钟，入油锅过油；西芹洗净切段，焯烫捞起；甜椒洗净切条。
2. 锅留底油，爆香葱段、姜片。
3. 放入牛肉及其余材料，加蚝油、米酒、酱油、白糖炒匀，最后加入水淀粉勾芡，淋入香油即可。

41

孜然牛肉

材料
牛肉200克，葱段60克，蒜片20克，干红椒10克，香菜适量

调料
小苏打粉、盐各1/4小匙，淀粉、水、蛋清各1大匙，酱油、孜然粉各1小匙，胡椒粉1/2小匙，食用油500毫升

做法
❶ 牛肉洗净切丁状，用小苏打粉、淀粉、酱油、蛋清、水抓匀，腌制20分钟备用。

❷ 锅加油，烧至160℃左右，将牛肉下锅，大火炸30秒至表面干香后，起锅沥干油。

❸ 锅中留少许油，以小火爆香葱段、蒜片及干红椒，再放入牛肉炒匀。

❹ 加入盐及孜然粉、胡椒粉炒匀，撒上香菜即可。

双椒炒牛肉丝

材料
牛肉110克，青椒、红椒各40克，姜丝15克

调料
嫩肉粉1/6小匙，酱油适量，蛋清1大匙，淀粉、白糖、香油各1小匙，食用油3大匙

做法
❶ 牛肉洗净切丝，加嫩肉粉、淀粉、少许酱油、蛋清拌匀腌制15分钟；青椒、红椒去籽洗净，切丝。

❷ 取锅，加入2大匙食用油烧热，放入牛肉丝以大火快炒至牛肉表面变白，即可捞起。

❸ 锅洗净，倒入1大匙食用油烧热，以小火爆香青椒丝、红椒丝和姜丝后，放入牛肉丝快炒5秒，加入剩余酱油及白糖，大火快炒至汤汁略收干，洒上香油即可。

三杯羊肉

材料
羊肉片200克，罗勒30克，蒜10瓣，红椒2个，姜片50克

调料
米酒3大匙，酱油膏2大匙，白糖1大匙，香油2大匙，淀粉1小匙

做法
❶ 羊肉片加入淀粉抓匀。

❷ 蒜洗净切块；红椒洗净切段，备用。

❸ 热锅，放入香油、姜片、蒜，以小火炒至呈金黄色后盛出，备用。

❹ 原锅放入羊肉片，以大火炒至肉色变白后盛出，备用。

❺ 原锅加入其余调料及姜片、蒜，以小火炒至汤汁浓稠后，放入羊肉片、红椒段、罗勒，以大火快速炒匀即可。

苦瓜羊肉片

材料
羊肉片120克，白玉苦瓜80克，蒜片、红椒各20克，香菜少许

调料
盐、白糖、白胡椒粉各1/2小匙，酱油1小匙，香油、米酒各1大匙，食用油适量

做法
❶ 白玉苦瓜洗净，去籽、去内部白膜后切片，焯烫；红椒洗净切圈，备用。

❷ 热锅，倒入适量食用油，放入蒜片、红椒圈爆香。

❸ 再放入白玉苦瓜片、羊肉片及其余调料，炒匀盛出，撒上香菜即可。

咖喱羊肉

材料
火锅羊肉片1盒，洋葱1/2个，蒜2瓣，红椒1个，玉米笋、西蓝花各60克，水120毫升

调料
咖喱粉、食用油各1大匙，郁金香粉、酱油各少许，盐1/2小匙，白糖1/3小匙

腌料
酱油、淀粉各少许，米酒1小匙

做法
1. 火锅羊肉片加入腌料抓匀，略腌备用。
2. 洋葱洗净切丝；蒜、红椒洗净切末；玉米笋、西蓝花洗净，放入滚水中焯熟。
3. 热锅，入1大匙食用油烧热，爆香蒜末、洋葱丝、红椒末，炒香咖喱粉、郁金香粉，炒散羊肉片，加入其余调料和水煮开，再加入玉米笋及西蓝花炒匀即可。

芥蓝炒羊肉

材料
羊肉片200克，芥蓝100克，姜丝10克

调料
盐1/4小匙，香油1小匙，水、米酒各适量

做法
1. 芥蓝洗净，去除粗丝后切段，备用。
2. 羊肉片洗净，放入滚水中余烫10秒后，捞起沥干水，备用。
3. 热锅，倒入香油，放入姜丝煎至微黄且有香味，先放入芥蓝梗略炒，再放入水与芥蓝叶，翻炒至六分熟。
4. 续于锅中放入羊肉片和米酒，以大火快炒至熟后，加入盐拌匀即可。

油菜炒羊肉片

材料
羊肉片220克，油菜段200克，姜丝15克，红椒圈、蒜末各10克

调料
盐、鸡精各1/4小匙，酱油少许，米酒1大匙，香油2大匙

做法
1. 油菜段放入沸水中焯烫一下捞出，备用。
2. 热锅，加入2大匙香油，爆香蒜末、姜丝、红椒圈，再放入羊肉片拌炒至变色。
3. 接着加入其余调料炒匀，最后放入油菜段拌炒一下即可。

姜丝炒羊肉片

材料
羊肉片150克，姜60克，罗勒适量

调料
香油、米酒各2大匙，酱油1大匙

做法
1. 姜洗净切丝；罗勒摘除老梗，洗净备用。
2. 将锅烧热，倒入香油，放入姜丝爆香。
3. 放入羊肉片及其余调料炒熟，加入罗勒拌匀即可。

菠菜炒羊肉

材料
羊肉片、菠菜各150克，姜丝10克

调料
盐1/4小匙，食用油适量

腌料
米酒、酱油、淀粉各1小匙，白糖1/2小匙

做法
1. 菠菜洗净，切成5厘米的长段，沥干备用。
2. 羊肉片加米酒、酱油、淀粉、白糖拌匀，再加少许食用油拌匀。
3. 热锅，加入适量食用油，放入羊肉片，以大火炒至肉色变白后盛出。
4. 原锅放入姜丝、菠菜段炒软，再放入羊肉片及盐，大火炒匀即可。

双椒炒羊肉

材料
火锅羊肉片1盒，青椒150克，红椒1个，豆豉1小匙，蒜2瓣

调料
盐少许，白糖1/2小匙，高汤2大匙，香油适量，米酒、食用油各1大匙

腌料
酱油少许，米酒1小匙，淀粉1小匙

做法
1. 火锅羊肉片加入腌料抓匀，略腌备用。
2. 豆豉洗净泡水；蒜洗净切末；青椒、红椒洗净切大片，备用。
3. 热锅入1大匙食用油烧热，爆香豆豉、蒜碎，炒散羊肉片，加入青椒、红椒和除香油外的其余调料，以大火炒至羊肉全熟，最后淋上香油即可。

蘑菇炒羊肉

材料
羊肉片250克，蘑菇80克，洋葱1/3个，胡萝卜20克，蒜片、葱段各10克

调料
酱油、米酒各1大匙，乌醋1小匙，香油、食用油各适量

腌料
米酒、淀粉各1小匙，盐少许

做法
1. 羊肉片用腌料腌10分钟，入油锅过油。
2. 洋葱、胡萝卜洗净去皮切片；蘑菇洗净切片，与胡萝卜片放入滚水中焯烫。
3. 热锅，倒入适量食用油烧热，放入蒜片、葱段、洋葱片爆香，再放入蘑菇片和胡萝卜片略炒，加入羊肉片和除香油外的调料拌炒均匀，最后淋上香油即可。

西芹炒羊排

材料
羊排200克，西芹2根，胡萝卜20克，洋葱1/2个，蒜2瓣，红椒1个，罗勒叶适量

调料
盐、白糖、黑胡椒粉各1小匙，酱油1大匙，食用油适量

腌料
西芹、胡萝卜各10克，洋葱1/3个，水600毫升

做法
1. 腌料中的西芹、胡萝卜和洋葱都切小块；羊排洗净剁块，放入腌料中腌20分钟。
2. 将西芹洗净切斜片；胡萝卜和洋葱均洗净切丝；蒜和红椒洗净切片，备用。
3. 先将羊排放入油锅中煎过，再将除罗勒叶外的其余材料加入一起翻炒。
4. 加入其余调料拌匀，以罗勒叶装饰即可。

三杯鸡

📋 材料

土鸡腿	600克
姜	100克
红椒	2个
罗勒	15克

🧂 调料

酱油	1大匙
香油	2大匙
酱油膏	2大匙
白糖	1小匙
米酒	50毫升
水	50毫升
食用油	500毫升

🍳 做法

❶ 土鸡腿洗净剁小块；姜洗净切片；红椒洗净对半剖开；罗勒挑去粗茎洗净，备用。

❷ 鸡腿块用酱油抓匀；锅中加入500毫升油，热至160℃，下土鸡腿块以大火炸至表面微焦后，捞起沥干油。

❸ 洗净锅，热锅后加入香油，以小火爆香姜片及红椒，放入土鸡腿块及酱油膏、白糖、米酒和水；煮开后将材料移至砂锅中，用小火煮至汤汁收干，最后加入罗勒拌匀即可。

羊肉炒粉丝

材料
羊肉片150克，酸白菜80克，粉丝1把，姜末1/2小匙，水300毫升

调料
盐1/2小匙，白糖1/4小匙，淀粉1小匙，食用油2小匙

做法

❶ 酸白菜洗净切丝；粉丝泡水至软、切小段，备用。

❷ 羊肉片加入淀粉拌匀，备用。

❸ 热锅，加入2小匙食用油，放入羊肉片，以大火炒至肉色变白后盛出，备用。

❹ 原锅放入姜末、酸白菜丝，以小火炒2分钟，再放入羊肉片、粉丝段、水和其余调料，以小火拌炒5分钟即可。

泰式炒鸡柳

材料
鸡腿肉200克，甜椒100克，洋葱丝25克，蒜末、罗勒叶各5克

调料
泰式甜鸡酱2大匙，香油1小匙，米酒、食用油各1大匙

做法

❶ 将鸡腿肉洗净，切成柳；甜椒洗净切条。

❷ 热锅，加入食用油，将鸡腿肉煸炒至肉表面变白。

❸ 加入洋葱丝、蒜末、甜椒条以大火炒匀。

❹ 再加入泰式甜鸡酱及米酒炒匀，最后淋上香油，起锅前加入罗勒叶拌匀即可。

双椒炒鸡腿肉

材料
鸡腿1个，青椒、红甜椒各1个，姜10克，鲜香菇2朵

调料
白胡椒粉、盐、鸡精各1小匙，酱油膏1大匙，水2小匙，食用油适量，淀粉2大匙

做法
❶ 鸡腿肉去骨，洗净，切成小片状，拌入淀粉，再放入冷油中以小火加热，炸至半熟后捞起备用。

❷ 将青椒和红甜椒洗净，切小块状；姜洗净切片状；鲜香菇洗净，切成四等份备用。

❸ 起炒锅，以中火将鸡腿肉片稍稍炒过，再加入做法2的所有材料和其余调料，一起炒1分钟至均匀即可。

芹菜炒鸡肉片

材料
鸡胸肉2片，芹菜3根，葱2棵，蒜片5克，红椒1/2个

调料
香油、米酒各1小匙，盐、白胡椒粉各少许，水适量，食用油1大匙

腌料
淀粉1大匙，蛋清30克，盐、白胡椒粉各少许，香油、米酒各1小匙

做法
❶ 鸡胸肉洗净，切小片，加入腌料腌制15分钟，放入滚水中氽烫2分钟后，捞出沥干。

❷ 芹菜、葱洗净切小段；红椒洗净切圈。

❸ 热炒锅，加入1大匙食用油，放入做法2的所有材料及蒜片以中火爆香，接着加入鸡胸肉片与其余调料，翻炒均匀即可。

姜葱鸡腿肉

📋 材料
鸡腿300克，葱丝、姜丝各20克，红椒丝10克

🧂 调料
盐1/2小匙，白糖、香油、辣椒油各1小匙，白醋、米酒、水淀粉各1大匙，食用油适量

🍶 腌料
酱油、香油、米酒、胡椒粉、淀粉各适量

🍳 做法
1. 鸡腿洗净，去骨后切成条，加入腌料腌10分钟。
2. 热油锅至140℃，放入鸡腿肉条，略过油捞起备用。
3. 锅底留少许油，放入姜丝、红椒丝炒香，再放入鸡腿条与其余调料，拌炒均匀。
4. 起锅前加入葱丝拌匀即可。

泰式酸辣鸡翅

📋 材料
鸡翅6个，洋葱1/2个，蒜3瓣，葱1棵，柳橙皮、红椒末各少许

🧂 调料
泰式甜鸡酱3大匙，香油、白糖、盐各1小匙，柠檬汁、食用油各1大匙

🍳 做法
1. 先将鸡翅洗净，再沥干水分备用；洋葱洗净切丝；蒜洗净切片；葱洗净切小段；柳橙皮洗净切细丝，备用。
2. 取炒锅，加入1大匙食用油，再加入洋葱丝、蒜片、红椒末和葱段，以中火炒匀。
3. 续加入洗净的鸡翅以及其余调料，以中火将材料拌炒至呈黏稠状后盛盘，摆上少许柳橙皮丝装饰即可。

酸菜炒鸡杂

材料

鸡肝	100克
鸡心	50克
酸菜丝	30克
芹菜段	30克
蒜末	20克
红椒片	20克

调料

盐	1/4小匙
酱油	2大匙
米酒	1大匙
乌醋	1大匙
白糖	2大匙
香油	1小匙
食用油	少许

做法

❶ 鸡肝、鸡心均洗净后切块状，放入滚水中汆烫一下，捞出备用。

❷ 热炒锅，加入少许食用油，放入蒜末、红椒片炒香，接着放入鸡肝块、鸡心块炒匀。

❸ 加入酸菜丝、芹菜段与其余调料，转大火炒匀即可。

洋葱炒鸡肉

📋 材料
鸡胸肉200克，洋葱1/2个，鲜香菇80克，红椒1个，蒜2瓣，葱1棵

🍶 调料
乌醋、黑胡椒粒各1小匙，白糖、盐、橄榄油各1/2小匙，食用油适量，水少许

🍶 腌料
米酒、酱油各1小匙，水1大匙，淀粉1/2小匙

🍱 做法
❶ 鸡胸肉洗净切小块，加腌料放置15分钟。

❷ 洋葱洗净切片；鲜香菇洗净切块；蒜洗净切片；红椒洗净切片；葱洗净切段备用。

❸ 鸡肉片入开水锅中余烫至八分熟后捞起。

❹ 锅入油，爆香洋葱片、蒜片、红椒片。

❺ 放入香菇块及鸡肉块炒匀，放其余调料炒至熟，起锅前拌入葱段即可。

黑木耳炒鸡心

📋 材料
水发黑木耳5朵，菠萝罐头1罐，鸡心250克，蒜3瓣，红椒5克，姜、葱各适量

🍶 调料
鸡精、白糖、香油、白醋各1小匙，盐、白胡椒粉各少许，黄豆酱、米酒、食用油各1大匙

🍱 做法
❶ 将鸡心洗净对切，放入沸水中余烫捞起，再过冷水备用。

❷ 将红椒、姜、蒜、葱洗净切片；菠萝罐头滤除汤汁，留肉备用。

❸ 炒锅加入1大匙食用油，再加入鸡心，以中火炒香，接着放入做法2的材料、泡发好的黑木耳炒匀。

❹ 最后加入其余调料，翻炒均匀即可。

蒜香炒鸭赏

材料
鸭赏100克，蒜苗30克，蒜末3克，红椒圈5克

调料
盐2小匙，白糖、香油各2/3大匙，白胡椒粉1大匙，食用油适量

做法
1. 鸭赏洗净切片；蒜苗洗净切段，备用。
2. 热锅，加入适量食用油，放入蒜末、红椒圈炒香，再加入鸭赏、蒜苗及其余调料，快炒均匀至软即可。

客家炒鸭肠

材料
鸭肠300克，芹菜100克，蒜2瓣，姜丝30克，红椒1个

调料
豆瓣酱1大匙，白糖1小匙，盐、食用油各少许

做法
1. 鸭肠洗净切小段；芹菜洗净摘除叶子切段；蒜、红椒洗净切碎，备用。
2. 热锅，加少许油，爆香蒜末、姜丝、红椒末及豆瓣酱。
3. 放入鸭肠炒熟，再加入芹菜段拌炒均匀，最后加盐及白糖调味即可。

韭菜炒鸭肠

材料
鸭肠120克，韭菜段40克，红椒圈10克，姜丝10克，酸菜丝20克

调料
酱油1小匙，黄豆酱1大匙，白糖1小匙，米酒1大匙，香油1小匙，食用油少许

做法
❶ 鸭肠以适量醋（材料外）洗净，切段状，放入滚水中氽烫一下，捞出备用。

❷ 热炒锅，加入少许食用油，放入除鸭肠外的其他材料炒香，接着加入鸭肠和其余调料快炒均匀即可。

酸菜炒鸭肠

材料
鸭肠150克，酸菜30克，芹菜20克，葱1棵，姜丝10克，红椒丝3克

调料
盐2小匙，白糖2/3大匙，白胡椒粉1大匙，香油2/3大匙，食用油适量

做法
❶ 鸭肠洗净切段；酸菜切成细丝；芹菜洗净切段；葱洗净切段备用。

❷ 热锅，加入适量食用油，放入葱段、姜丝、红椒丝、酸菜丝炒香，接着加入鸭肠、芹菜及其余调料，炒匀至软即可。

紫苏鸭肉

材料
鸭肉150克，姜片20克，紫苏、红椒片各10克

调料
酱油、米酒各1大匙，食用油适量

腌料
酱油、白胡椒粉、米酒、淀粉各少许

做法
1. 将鸭肉洗净，去骨切成薄片，加入腌料抓匀，再过油，捞起沥干备用。
2. 另起锅，烧热，倒入少许油，放入姜片和红椒片炒香。
3. 再加入腌鸭肉片和其余调料拌炒，最后加入紫苏拌炒均匀即可。

酱姜鸭肉

材料
鸭肉150克，酱姜200克，胡萝卜片30克，芹菜段20克

调料
酱油、米酒、食用油各1大匙，白胡椒粉1/2小匙，白糖1小匙

腌料
酱油1小匙，白糖1/2小匙，米酒1大匙，白胡椒粉少许

做法
1. 鸭肉洗净，去骨切薄片，加入腌料拌匀。
2. 锅烧热，倒入1大匙油，放入酱姜、胡萝卜片、芹菜段炒香。
3. 再加入腌鸭肉片和其余调料，炒匀即可。

第二章
海鲜类

　　海鲜的鲜甜美味，常常在入口时就能带给味蕾强烈的冲击，尤其是经过大火猛烈的快炒后，更能突显海鲜的独特美味。你是否每次在快炒店品尝海鲜后，回家想照样做出这般美味，却总是失败？下面让我们一起学习快炒店制作海鲜的方法，做出美味又不失鲜甜的海鲜菜肴吧！

辣椒酱炒鱼片

材料

鲷鱼肉	250克
红椒片	20克
葱段	30克
蒜末	10克
黑木耳片	20克
青椒片	40克
淀粉	100克

调料

盐	1/4小匙
白胡椒粉	1/4小匙
米酒	1小匙
蛋清	1大匙
辣椒酱	2大匙
白醋	1小匙
白糖	1小匙
水	4大匙
水淀粉	1小匙
香油	1大匙
食用油	400毫升

做法

❶ 鲷鱼肉洗净切厚片，加盐、白胡椒粉、米酒、蛋清拌匀，腌制2分钟。

❷ 锅置火上，倒入400毫升食用油，加热至150℃，将鲷鱼片沾裹上淀粉，放入锅中炸至外表呈金黄色，捞起沥干油。

❸ 将油倒出，锅底留下少许油，以小火将红椒片、葱段、蒜末爆香后，再加入辣椒酱炒匀。

❹ 续加入水、白醋、白糖煮滚，再加入黑木耳片、青椒片和鱼片炒匀，并加入水淀粉勾芡，淋上香油即可。

蒜香鱼片

材料
鲷鱼肉300克，葱20克，红椒5克，蒜酥30克，淀粉适量

调料
蛋液2大匙，盐、食用油各适量

做法
1. 葱、红椒均洗净切末备用。
2. 鲷鱼肉切厚块后，用厨房纸巾略为吸干水分，加少许盐及蛋液拌匀，腌制入味。
3. 将鲷鱼肉均匀地沾裹上淀粉，热油锅，待油温烧至160℃，放入鲷鱼肉，以大火炸1分钟至表皮酥脆，捞出沥干油。
4. 锅留底油，以小火炒香葱末及红椒末后，加入蒜酥、鱼片及剩余盐炒匀即可。

豆酥炒鱼片

材料
鲷鱼200克，芹菜2根，豆酥、面粉各3大匙，葱1棵，蒜2瓣，红椒适量

调料
白胡椒粉1大匙，盐少许，食用油适量

做法
1. 将鲷鱼洗净切大片状，再在鱼身上面拍上薄薄的面粉。
2. 芹菜、葱、红椒和蒜分别洗净，都切成碎末状备用。
3. 起平底锅，加适量油，将鲷鱼片放入，以小火煎3分钟至熟，盛盘备用。
4. 再将豆酥以小火先炒2分钟，再加入做法2的所有材料与其余调料爆香后，淋在煎好的鲷鱼片上即可。

罗勒橙汁鱼片

材料
鲷鱼片2片，姜丝5克，新鲜罗勒2根，面粉3大匙，柠檬片适量

调料
柳橙汁300毫升，白胡椒粉、盐各少许，香油1小匙，食用油适量

做法
❶ 鲷鱼片略冲水沥干，切成小片状，再拍上薄薄的面粉备用。
❷ 放入油温为190℃的油锅中，炸至外观呈金黄色，捞起沥油。
❸ 锅留余油烧热，放入姜丝和新鲜罗勒略翻炒，再加入其余调料、柠檬片和鱼片煮3分钟即可。

避风塘炒鱼

材料
鲷鱼片300克，蒜、葱各20克，红椒1个，熟花生适量

调料
豆豉1大匙，盐、白胡椒粉各少许，香油、辣椒油各1小匙，食用油适量

腌料
米酒1小匙，盐、白胡椒粉各少许，淀粉1大匙

做法
❶ 鲷鱼片洗净切条，加入所有腌料，腌制10分钟，再放入油温为190℃的油锅中炸成金黄色，捞起。
❷ 蒜洗净切片；葱和红椒洗净切成小段。
❸ 炒锅入油，以中火爆香做法2的香辛料。
❹ 再加入其余调料炒一下，最后加入炸好的鱼片和熟花生，翻炒均匀即可。

三杯炒旗鱼

材料
旗鱼200克，红椒圈、蒜片各10克，姜片5克，新鲜罗勒2根，葱段20克

调料
香油、酱油膏、米酒各1大匙，白糖、盐、白胡椒粉各少许

做法
❶ 将旗鱼洗净切成块状，用餐巾纸吸干水分备用。

❷ 起锅，加入香油烧热，放入红椒圈、姜片、蒜片、葱段以中火爆香。

❸ 锅中加入旗鱼块一起翻炒3分钟，最后放入其余的调料与罗勒炒香。

香炒炸鱼柳

材料
鲷鱼片200克，红椒圈、香菜末各1/2小匙，葱花、蒜末各1小匙，食用油适量

炸粉
鸡蛋1/2个，红薯粉1大匙，盐1/4小匙

做法
❶ 鲷鱼片用水略冲洗沥干，切成条状备用。

❷ 将炸粉的所有材料混合拌匀，备用。

❸ 取锅，加入适量的油，烧热至200℃，取鲷鱼条沾裹上炸粉，放入锅中炸至外观呈金黄色后，盛入大碗中。

❹ 将蒜末和红椒圈放入热锅中，快炒后捞起放入盛有炸鱼柳的大碗中，再加入香菜末和葱花一起拌匀即可。

豆酱鱼片

材料
鲷鱼120克，葱、姜、蒜各5克，红薯粉适量

调料
黄豆酱、米酒各1大匙，酱油1/2小匙，白糖、香油各1小匙，水30毫升，食用油适量

腌料
白胡椒粉、香油、淀粉各适量

做法
1. 鲷鱼洗净切片，拌入腌料腌10分钟，再沾上红薯粉，放入加热至140℃的油锅中炸熟，捞起沥干。
2. 葱、姜、蒜洗净切末备用。
3. 锅留余油，加入做法2的所有材料爆香。
4. 再加入炸鲷鱼块和其余调料，拌炒至汤汁浓稠即可。

金沙鱼柳

材料
去骨鱼柳300克，熟咸蛋黄5个，葱花1小匙，蒜末1/2小匙，淀粉适量

调料
盐1/4小匙，白糖1/4小匙，食用油适量

腌料
盐、胡椒粉各1/4小匙，香油、米酒各1小匙

做法
1. 鱼柳洗净；熟咸蛋黄压成泥状备用。
2. 所有腌料混匀，将鱼柳放入腌10分钟。
3. 将腌制好的鱼柳均匀沾裹上淀粉，放入油锅炸至外观金黄，捞起沥油。
4. 锅留余油，放入咸蛋黄泥以小火炒至起泡，加入葱花、蒜末和鱼柳略炒，最后加入其余调料拌匀即可。

香菜炒丁香鱼

材料
新鲜丁香鱼200克，香菜梗20克，葱30克，蒜末15克，红椒2个

调料
淀粉、盐、白糖各1/2小匙，食用油适量

做法
1. 香菜梗、葱洗净切段；红椒洗净切丝。
2. 新鲜丁香鱼略洗沥干后，将丁香鱼撒上淀粉拌匀，让鱼身均匀沾上淀粉。
3. 热锅，倒入食用油至七分满，并加热至180℃，再放入丁香鱼以大火炸2分钟至香酥，即可捞出。
4. 锅留余油，以小火将葱段、红椒丝、蒜末爆香后，加入炸丁香鱼、香菜梗拌炒，最后加入盐及白糖以小火炒匀即可。

韭黄鳝糊

材料
鳝鱼100克，韭黄80克，姜10克，红椒、蒜末各5克，香菜2克，葱白丝少许

调料
白糖、米酒、水淀粉各1大匙，酱油、蚝油、白醋、香油各1小匙，食用油适量

做法
1. 鳝鱼洗净，入沸水中煮熟，捞出撕成段。
2. 韭黄洗净切段；姜、红椒均洗净切丝。
3. 热锅倒入适量食用油，放入姜丝、红椒丝爆香，再放入韭黄段炒匀。
4. 加入鳝鱼段，加白糖、酱油、蚝油、白醋、米酒拌炒均匀，以水淀粉勾芡，盛盘备用。
5. 于做法4的鳝糊中放上蒜末、葱白丝、香菜，再煮滚香油，淋在菜上即可。

蒜苗炒鲷鱼

材料
鲷鱼肉300克，蒜苗2根，红椒1/2个，姜丝15克，蒜末1/2小匙

调料
豆瓣酱、米酒各1大匙，白糖、水淀粉各1/2小匙，食用油2大匙，水50毫升

做法
1. 将鲷鱼肉洗净切厚片，加入水淀粉拌匀。
2. 红椒洗净切片；蒜苗洗净切段备用。
3. 热锅加入2大匙食用油，放入鲷鱼肉和姜丝、蒜末，以中火炒2分钟。
4. 锅中加入其余调料，以小火炒3分钟，最后加入蒜苗段、红椒片炒匀即可。

西芹炒鱼块

材料
鲈鱼半条，西芹80克，红椒20克，胡萝卜15克

调料
白糖1/4小匙，盐、水淀粉各1/2小匙，水、食用油各2大匙

腌料
白胡椒粉1/8小匙，盐、淀粉、香油各1/2小匙

做法
1. 鲈鱼去骨，取半边鱼肉切小块，加入所有腌料拌匀，静置5分钟。
2. 西芹、红椒均洗净切菱形；胡萝卜洗净切花备用。
3. 锅入食用油，将鱼块炒至肉色变白盛出。
4. 原锅放入做法2的材料，加入盐、白糖、水略炒，再放入鱼块，以水淀粉勾芡即可。

椒盐炒鱼柳

材料

鲷鱼片2片，蒜末、红椒圈各10克，葱花20克，红薯粉2大匙

调料

花椒粉、香油各1小匙，辣椒油、米酒各1大匙，盐、食用油、白胡椒粉各适量

做法

1. 鲷鱼片略冲水沥干，切长条状，再裹上红薯粉备用。

2. 将鱼条放入油温为150℃的油锅中，炸至外观呈金黄色后，再以220℃的油温炸5秒，即捞起沥油。

3. 锅留余油烧热，加蒜末、红椒圈、葱花和其余调料一起爆香，最后加入鱼条以中火翻炒均匀即可。

生炒鳝鱼

材料

鳝鱼150克，小黄瓜40克，葱段10克，姜片、蒜片各20克，红椒片5克，香菜适量，水400毫升

调料

酱油、米酒、白醋各1大匙，番茄酱、白糖、水淀粉、香油、辣椒油各1小匙，食用油适量

做法

1. 鳝鱼洗净剁成段；小黄瓜洗净切菱形片。

2. 油烧至150℃，放入鳝鱼段略炸后捞起。

3. 锅留底油，放入葱段、姜片、蒜片、红椒片爆香，再加入鳝鱼段、小黄瓜片及酱油、白糖、米酒、番茄酱、白醋、水，以小火焖煮至汤汁略干。

4. 最后加入水淀粉勾芡，再加香油、辣椒油拌匀，放上香菜即可。

酸豆角炒鱼丁

材料
酸豆角100克，鲷鱼片1片，蒜3瓣，红椒1个，葱2棵

调料
盐、黑胡椒粉、水淀粉各少许，辣椒油、香油、鸡精各1小匙，食用油1大匙

做法
① 鲷鱼片洗净，切成小丁状备用。

② 酸豆角洗净去除酸味，再切小段；蒜与红椒洗净切碎；葱洗净切成葱花备用。

③ 锅烧热，加入1大匙食用油，再加入酸豆角以中火爆香，加入鲷鱼丁煎酥。

④ 再加入蒜碎、红椒碎和葱花爆香，最后加入其余调料，翻炒均匀即可。

醋熘鱼片

材料
鱼片250克，姜末、蒜末各5克，红椒30克，水发黑木耳20克，竹笋片50克，荷兰豆、淀粉各适量

调料
盐4克，酱油1小匙，白糖1大匙，白醋2大匙，食用油适量，蛋液、水淀粉各1小匙，高汤100毫升

做法
① 红椒、黑木耳洗净切片备用。

② 鱼片加入淀粉和蛋液抓匀，再放入油锅中炸至金黄后，捞出备用。

③ 热锅入适量油，炒香姜末、蒜末，放入做法1的所有材料、竹笋片和荷兰豆略炒。

④ 锅中加入高汤和其余调料（水淀粉除外）略煮，再加入水淀粉勾芡，最后放入炸鱼片以中火炒30秒至均匀即可。

蒜苗炒鱼片

材料
鱼肉150克，大白菜100克，蒜苗80克，姜20克，红椒圈5克

调料
米酒、乌醋、酱油各1大匙，水60毫升，白糖1/2小匙，盐1/4小匙，食用油适量

腌料
米酒1小匙，白胡椒粉、淀粉各少许，水1大匙

做法
❶ 鱼肉切片，放入腌料抓匀，放置15分钟。

❷ 大白菜洗净切粗条；蒜苗、姜洗净切片。

❸ 鱼片入热水锅中汆烫至变白后捞起。

❹ 热锅入食用油，爆香部分蒜苗、姜片、红椒圈，放入大白菜条炒软，加入鱼片和其余调料炒匀，起锅前放入剩余蒜苗即可。

酸菜炒鱼肚

材料
鱼肚170克，酸菜100克，姜20克，红椒10克，罗勒叶少许，水50毫升

调料
盐1/4小匙，白糖、白醋、料酒、食用油各1大匙，水淀粉、香油各1小匙

做法
❶ 鱼肚、酸菜、姜、红椒均洗净切丝。

❷ 热锅后，加入1大匙食用油，以小火爆香姜丝、红椒丝，再加入鱼肚丝、酸菜丝，转大火炒匀。

❸ 锅中加入盐、白糖、白醋、水、料酒，炒1分钟，用水淀粉勾芡并洒上香油，用罗勒叶装饰即可。

宫保鱼片

材料
草鱼	200克
蒜末	5克
干红椒段	5克
葱段	20克
蒜香花生	30克

调料
酱油	适量
蛋清	1小匙
淀粉	适量
白醋	1小匙
白糖	1小匙
食用油	适量
米酒	1小匙
水	1大匙
香油	1小匙

做法
1. 草鱼洗净，切成1厘米厚的鱼片，用蛋清及少许酱油、淀粉抓匀。
2. 白醋、白糖、米酒、水及剩余酱油、淀粉调匀成兑汁。
3. 鱼片放入180℃的油锅中炸2分钟捞出。
4. 另取热锅，加少许食用油，爆香葱段、蒜末及干红椒段，加入炸鱼片，大火快炒5秒，边炒边将兑汁淋入炒匀。
5. 最后加入蒜香花生，淋入香油即可。

西芹炒银鱼

材料
西芹240克，银鱼150克，姜、红椒各10克

调料
米酒1大匙，味醂1/2小匙，食用油1小匙

做法

❶ 西芹洗净切长条；银鱼洗净沥干；姜和红椒洗净切末。

❷ 取不粘锅放油后，将银鱼、姜末、红椒末放入锅中，以小火拌炒至干酥。

❸ 加入西芹条略拌炒后，续加入其余调料，炒至干松即可盛盘。

花生炒丁香鱼

材料
丁香鱼50克，葱8克，蒜、红椒各5克，蒜味花生10克

调料
白胡椒盐适量，食用油少许

做法

❶ 丁香鱼洗净后放入沸水中汆烫，再捞起沥干备用。

❷ 葱、蒜洗净切末；红椒洗净切圈。

❸ 热锅倒入少许食用油，放入做法2的材料，以中小火爆香，再加入丁香鱼与蒜味花生、白胡椒盐，转中大火拌炒至干香即可。

茶香香酥虾

材料
白虾300克，茶叶3克，葱花、蒜各5克，红椒10克，香菜适量

调料
白胡椒盐1小匙，食用油适量

做法
❶ 将茶叶、红椒、蒜分别洗净切碎；白虾连壳将背部剪开，去肠泥，洗净沥干水分，备用。

❷ 热锅，倒入食用油，加热至180℃，将白虾放入炸30秒至表皮酥脆，捞出起锅。

❸ 锅留余油，以小火将葱花和蒜末、红椒末爆香，再加入白虾，并加入茶叶碎及白胡椒盐，以大火快速翻炒均匀，盛盘放上香菜即可。

咸酥虾

材料
白虾300克，葱、蒜各10克，红椒15克

调料
白胡椒盐1小匙，食用油适量

做法
❶ 白虾去肠泥，洗净沥干水分；葱洗净切葱花；红椒、蒜洗净切末，备用。

❷ 热油锅至180℃，将白虾炸30秒，至表皮酥脆即起锅。

❸ 锅留底油，以小火爆香葱花、蒜末、红椒末，再放入白虾、白胡椒盐，以大火快速翻炒均匀即可。

酱爆虾

材料
白虾300克，蒜末10克，红椒片15克，洋葱丝、葱段各30克

调料
酱油、辣豆瓣酱、米酒各1大匙，白糖少许，食用油2大匙

做法
1. 白虾去肠泥洗净，剪去须尖；热锅，加入食用油，放入白虾煎香后取出；葱段分成葱白和葱绿，洗净备用。
2. 原锅放入蒜末、红椒片、洋葱丝和葱白爆香，再放入白虾和其余调料，拌炒均匀后，加入葱绿炒匀即可。

咸酥溪虾

材料
溪虾150克，葱花10克，蒜末少许，红椒末5克，红薯粉适量

调料
盐1/2小匙，白胡椒粉1/4小匙，食用油少许

做法
1. 溪虾洗净，沾取适量红薯粉，放入油温为160℃的油锅中，炸酥后捞起备用。
2. 锅烧热，放入少许油，加入葱花、蒜末和红椒末炒香。
3. 加入炸溪虾和其余调料，拌匀即可。

酒香草虾

材料
草虾12只，葱花适量，姜末10克，酒酿5克，香菜适量

调料
辣椒酱1小匙，番茄酱、水各3大匙，白糖、白醋各2大匙，米酒、香油各1大匙，食用油适量

做法
❶ 草虾去须及尾，挑去肠泥，洗净备用。

❷ 热油锅至150℃后，放入草虾略炸后捞起，备用。

❸ 锅留底油，放入少许葱花和姜末炒香，再放入草虾、酒酿和其余调料，烧至汤汁略干，盛出后撒上香菜和剩余葱花即可。

西红柿虾仁

材料
草虾10只，西红柿2个，葱花5克

调料
番茄酱2大匙，白糖、盐各1/2小匙，高汤100毫升，食用油1大匙

做法
❶ 草虾去壳留尾，去肠泥，冲水洗净后以纸巾吸干水分；西红柿洗净切块，备用。

❷ 起锅，加入食用油烧热，放入草虾煎至呈金黄色。

❸ 续放入西红柿块、高汤和其余调料，拌炒3分钟，最后撒上葱花即可。

滑蛋虾仁

材料
鸡蛋4个，白虾仁80克，葱花15克，香菜适量

调料
盐1/4小匙，米酒1小匙，水淀粉适量，食用油2大匙

做法
1. 白虾仁洗净，放入沸水中氽烫，待水再度滚沸后煮5秒，立即捞出，冲凉沥干。
2. 鸡蛋加盐、米酒打匀后，加入白虾仁、水淀粉及葱花拌匀。
3. 热锅，倒入食用油，将蛋液再拌匀一次后，倒入锅中，以中火翻炒至蛋液凝固，盛出放上香菜即可。

宫保虾仁

材料
虾仁250克，葱段10克，蒜片15克，干红椒段20克

调料
酱油、香油各1小匙，米酒1大匙，白胡椒粉1/2小匙，花椒5克，食用油适量

腌料
盐1/2小匙，米酒1大匙，淀粉1大匙

做法
1. 虾仁洗净去肠泥，加入腌料抓匀，腌制10分钟后，放入油温为120℃的油锅中炸熟。
2. 热锅，加入适量食用油，放入葱段、蒜片、干红椒段炒香，再加入虾仁与其余调料，拌炒均匀即可。

奶油草虾

材料
草虾8只，洋葱15克，蒜10克，香芹叶适量

调料
奶油2大匙，盐1/4小匙，食用油适量

做法

1. 把草虾洗净，剪掉长须、尖刺及尾后，挑去肠泥，用剪刀从虾背剪开，但不剪断，沥干水分备用。
2. 洋葱及蒜洗净切碎，备用。
3. 取锅，热油至180℃，将草虾下油锅炸30秒，至表皮酥脆，即可起锅沥油。
4. 另起炒锅，热锅后加入奶油，以小火爆香洋葱末、蒜末，再加入草虾与盐，以大火快速翻炒1分钟，盛出用香芹叶装饰即可。

酸甜虾仁

材料
虾仁150克，西红柿2个，洋葱片10克，蒜末1/2小匙，葱花1小匙，水50毫升

调料
番茄酱、食用油、白糖各1大匙，乌醋1小匙，盐1/2小匙，水淀粉适量

做法

1. 虾仁洗净，汆烫至熟后过冷水；西红柿洗净后去蒂，切滚刀块备用。
2. 取锅烧热后，加入1大匙油，再加入蒜末、洋葱片、水，放入切好的西红柿块，再放入番茄酱、乌醋、白糖、盐。
3. 煮滚后，放入烫熟的虾仁，大火续炒30秒，加入水淀粉勾芡后，撒上葱花即可。

腰果虾仁

材料
草虾仁300克，胡萝卜40克，竹笋30克，青椒、葱白段各20克，熟腰果100克

调料
盐1/2小匙，鸡精1/4小匙，食用油少许

做法
1. 草虾仁洗净；胡萝卜去皮，洗净切菱形片；竹笋、青椒洗净切菱形片。
2. 将草虾仁和胡萝卜片放入滚水中略汆烫后，捞出沥干备用。
3. 取锅，加入少许油，放入草虾仁、胡萝卜片、竹笋片、青椒片和葱白段，以中火快炒2分钟，加入其余调料炒匀，先关火再加入腰果拌炒匀即可。

丝瓜炒虾仁

材料
虾仁200克，丝瓜250克，葱1棵，姜20克，水60毫升

调料
盐1/2小匙，食用油少许

腌料
米酒1小匙，白胡椒粉、淀粉各1/2小匙

做法
1. 虾仁洗净，加入腌料拌匀，放置10分钟。
2. 丝瓜洗净去籽切条；葱洗净切段；姜洗净切细丝。
3. 煮一锅水，将虾仁汆烫至变红后捞起。
4. 取不粘锅放油后，爆香葱段、姜丝。
5. 放入丝瓜条略拌炒后，加入水焖煮至软化，放入虾仁拌炒后，加盐调味即可。

锅巴虾仁

材料
虾仁200克，锅巴10片，洋葱丁、毛豆各50克

调料
番茄酱、水各2大匙，白糖、白醋各1大匙，食用油少许

做法
1. 先将虾仁去肠泥洗净，再放入油锅中略炸后捞起备用。
2. 将锅巴放入油锅中过油后捞起，盛于盘中备用。
3. 锅留底油，放入洋葱丁、毛豆爆香，再放入虾仁拌炒均匀。
4. 最后放入其余调料炒匀，盛起淋在锅巴上即可。

豆苗炒虾仁

材料
豆苗150克，虾仁200克，蒜3瓣，红椒1/2个

调料
盐、白胡椒粉各少许，水40毫升，香油、食用油各1小匙，水淀粉适量

做法
1. 豆苗洗净后切大段；蒜洗净切片；红椒洗净切圈，备用。
2. 虾仁洗净去肠泥，再放入沸水中汆烫至变色，沥干备用。
3. 锅烧热，加入1小匙食用油，再加入蒜片、红椒圈，以小火炒香，再加入盐、白胡椒粉、水、香油煮开。
4. 再加入汆烫好的虾仁和豆苗段略煮一下，以水淀粉勾薄芡，摆盘即可。

皇帝豆炒鲜虾

材料
皇帝豆100克，新鲜虾仁200克，蒜片2克，红椒片5克

调料
米酒1小匙，盐、香油各1/4小匙，食用油少许

做法
① 鲜虾仁洗净去肠泥，加入盐（材料外）腌制3分钟，备用。
② 将皇帝豆和虾仁放入滚水中烫熟后，捞起沥干备用。
③ 锅烧热，放入少许食用油，炒香蒜片和红椒片，加入做法2的材料、其余调料，以大火炒匀即可。

香辣樱花虾

材料
樱花虾干35克，芹菜110克，红椒、蒜各10克

调料
白糖、香油各1小匙，鸡精1/2小匙，酱油、米酒各1大匙，食用油2大匙

做法
① 芹菜洗净切小段；红椒及蒜均洗净切碎。
② 起炒锅，热锅后加入2大匙食用油，以小火爆香红椒末及蒜末后，加入樱花虾干，续以小火炒香。
③ 在锅中加入酱油、白糖、鸡精及米酒，转中火炒至略干后，加入芹菜段翻炒10秒，至芹菜略软，洒上香油即可食用。

胡椒虾

材料
白虾8只，洋葱1/4个，葱2棵，蒜末1/2小匙，奶油2小匙

调料
盐1/4小匙，酱油1小匙，白糖、黑胡椒粉各1/2小匙，食用油2小匙

做法
① 白虾洗净、剪去须脚，用牙签挑除肠泥，备用。
② 洋葱洗净切片；葱洗净切段，备用。
③ 热锅，放入2小匙食用油，将虾两面煎至焦脆，再放入蒜末、洋葱片、葱段及其余调料（黑胡椒粉除外），以小火炒2分钟，最后加入奶油、黑胡椒粉炒匀即可。

干炒大明虾

材料
大明虾12只，葱花2大匙，蒜末、淀粉各1小匙，姜末1/2小匙

调料
番茄酱3大匙，辣椒酱、白糖、蚝油各1小匙，食用油适量

做法
① 将大明虾尖刺、虾须和虾脚剪除后，先用牙签挑除肠泥，再剪开虾背，洗净沥干。
② 将大明虾均匀沾裹上淀粉，再放入油锅中以小火煎至两面变色、外观呈酥脆状，即可盛起。
③ 另取锅，加入少许油，放入葱花、蒜末和姜末炒香后，加入大明虾和其余调料，以小火炒至虾身裹上酱汁即可。

香菇炒蟹肉

材料

蟹腿肉100克，鲜香菇60克，洋葱片50克，红椒、青椒各1个，姜片10克

调料

米酒、水各1大匙，酱油、橄榄油各1小匙，白糖、盐各1/4小匙，食用油适量

做法

❶ 蟹腿肉洗净；鲜香菇洗净切片；红椒洗净去籽切条；青椒洗净切段。

❷ 将一锅水煮滚后，加米酒，接着放入蟹腿肉汆熟，捞起冲冷水，沥干备用。

❸ 取不粘锅放油后，爆香姜片、洋葱片。

❹ 放入鲜香菇片炒香后，加入蟹腿肉、红椒、青椒略炒，加入其余调料炒匀即可。

罗勒炒蟹螯

材料

蟹螯150克，葱1棵，蒜4瓣，罗勒5克

调料

白糖、沙茶酱各1小匙，香油少许，米酒、酱油膏各1大匙，食用油适量

做法

❶ 蟹螯洗净，用刀背将外壳拍裂，放入沸水中煮熟，捞起沥干备用。

❷ 葱洗净切小段；蒜洗净切末，备用。

❸ 热锅倒入适量食用油，放入葱段、蒜末爆香，再加入蟹螯及其余调料，拌炒均匀。

❹ 最后放入罗勒炒熟即可。

泡菜炒蟹脚

材料
蟹脚350克，洋葱1/2个，葱、红椒、罗勒各少许，蒜2瓣，韩式泡菜200克

调料
香油1小匙，盐、白胡椒粉、食用油各少许

做法

1. 蟹脚洗净，用菜刀拍松备用。
2. 洋葱洗净切丝；红椒和蒜洗净切片；葱洗净切段；新鲜罗勒洗净备用。
3. 取锅，加入少许食用油烧热，放入做法2的材料（新鲜罗勒除外）爆香，再加入蟹脚、韩式泡菜翻炒均匀，最后加入其余调料快炒，起锅前加入罗勒即可。

椒盐花蟹

材料
花蟹2只，蒜末10克，红椒末、葱花各20克，淀粉50克

调料
胡椒盐、食用油各适量

做法

1. 花蟹处理干净后切块，在蟹螯的部分拍上适量的淀粉。
2. 热油锅，加入适量食用油烧热至180℃，放入花蟹块，炸至外观呈金黄色，再捞起沥油备用。
3. 另取炒锅烧热，加入少许食用油，放入蒜末、红椒末、葱花炒香，再放入炸好的花蟹快炒，起锅前撒入胡椒盐即可。

沙茶酱鱿鱼

材料

鱿鱼中卷120克，葱段20克，蒜末、红椒丝各10克，罗勒叶少许

调料

沙茶酱2大匙，酱油1小匙，米酒、白糖各1大匙，食用油少许

做法

① 鱿鱼中卷洗净后切成圆圈状，放入滚水中汆烫一下，捞出备用。

② 热炒锅，加入少许食用油，放入沙茶酱与除鱿鱼中卷外的其他材料炒香，接着加入鱿鱼中卷与其余调料，炒匀即可。

芹菜炒墨鱼

材料

墨鱼3只，芹菜梗200克，蒜片5克，红椒片10克

调料

盐1小匙，白糖、白胡椒粉各1/4小匙，香油2小匙，食用油3大匙

做法

① 墨鱼洗净，先切花刀，再分切小片状，放入滚水中略汆烫，捞起沥干备用。

② 芹菜梗洗净，切段状备用。

③ 取锅，加入食用油，放入蒜片、红椒片和芹菜梗段，以大火略炒后，加入墨鱼片和其余调料炒匀即可。

椒盐鱿鱼

材料
水发鱿鱼3只，蒜末1大匙，葱末2大匙，红椒末1小匙

调料
胡椒盐、香油各1小匙，食用油3大匙

做法

❶ 水发鱿鱼去薄膜洗净，先切花刀，再分切成小片状，放入滚水中略氽烫，捞起沥干备用。

❷ 取锅，加入食用油，再放入鱿鱼片以大火略炒，加入蒜末、葱末、红椒末和其余调料炒匀即可。

蒜苗炒墨鱼

材料
墨鱼2只，蒜苗30克，红椒片适量

调料
酱油膏1大匙，白糖1小匙，酱油、食用油各适量

做法

❶ 将墨鱼洗净，切三角形块；蒜苗洗净，切斜段。

❷ 热油锅至高温，将墨鱼块炸至表面微黄，捞出沥干油分。

❸ 另起锅，加入食用油，放入红椒片、其余调料和蒜苗段，炒至材料软即可。

芹菜炒鱿鱼

材料

泡发鱿鱼、墨鱼各300克，芹菜400克，蒜末、红椒圈各10克，姜末5克

调料

盐、鸡精各1/4小匙，米酒1大匙，白糖、乌醋、鲜美露各少许，食用油2大匙

做法

❶ 泡发鱿鱼洗净切片，表面切花刀；墨鱼去除内脏，洗净切片，表面切花刀；芹菜洗净切段，备用。

❷ 将鱿鱼及墨鱼均放入沸水中氽烫一下，捞起冲冷开水备用。

❸ 热锅入油，放入蒜末、姜末以小火爆香，再放入鱿鱼及墨鱼略翻炒。

❹ 续加入红椒圈、芹菜段及其余调料，以大火炒1分钟至均匀即可。

红椒炒炸鱿鱼

材料

鱿鱼中卷3只，蒜苗20克，红椒片15克，蒜末2小匙

调料

白糖、白胡椒粉各1/4小匙，白胡椒盐、食用油各适量

裹粉

吉士粉1大匙，红薯粉8大匙

做法

❶ 蒜苗洗净，切斜片备用。

❷ 鱿鱼中卷洗净切段，放入混匀的裹粉材料中抓匀，再放入热油锅中，以大火炸2分钟，捞起。

❸ 锅留少许食用油，倒入蒜苗片、蒜末、红椒片炒2分钟，加入炸鱿鱼中卷，以大火炒2分钟，最后加入其余调料炒匀即可。

西芹炒墨鱼

材料
墨鱼300克，西芹片60克，甜椒片40克，葱段、蒜片各10克

调料
鲜美露、米酒各1大匙，盐、白糖、香油各1小匙，食用油适量

做法
1. 墨鱼洗净切花刀，再切成小片，放入滚水中汆烫，备用。
2. 热锅，加入适量食用油，放入葱段、蒜片爆香，再加入西芹片、甜椒片炒香。
3. 续加入墨鱼及其余调料，大火拌炒30秒钟至均匀即可。

韭菜花炒鱿鱼

材料
泡发鱿鱼条200克，韭菜花段180克，蒜片、姜末、红椒丝各10克

调料
盐、鸡精各1/4小匙，酱油、胡椒粉各少许，米酒1小匙，食用油适量

做法
1. 热锅，加入适量食用油，放入蒜片、姜末爆香，再放入鱿鱼条炒香。
2. 于锅中加入洗净切好的韭菜花段拌炒，最后加入其余调料炒至均匀入味，起锅前加入红椒丝略炒即可。

甜豆荚炒墨鱼

材料
甜豆荚300克，墨鱼100克

调料
XO酱30克，米酒、盐各少许，食用油适量

做法
1. 甜豆荚洗净，撕去两旁粗筋；墨鱼洗净沥干，先切花刀再切片状，备用。
2. 热锅，加入适量食用油，放入甜豆荚拌炒，再放入墨鱼、米酒和盐拌炒均匀，最后加入XO酱略为拌炒即可。

葱爆鱿鱼小卷

材料
咸鱿鱼小卷200克，葱段50克，蒜末20克，红椒片5克

调料
酱油、水各2大匙，米酒1大匙，白糖1小匙，食用油适量

做法
1. 咸鱿鱼小卷用开水浸泡5分钟，再捞出，洗净沥干水分，备用。
2. 热锅，加入适量食用油，烧热至160℃，将咸鱿鱼小卷放入，以中火炸2分钟，至微焦香后，捞出沥油。
3. 锅留底油，放入葱段、蒜末及红椒片以小火炒香，接着加入咸鱿鱼小卷炒2分钟，最后加入其余调料炒至干香即可。

酱炒蛤蜊

材料

蛤蜊400克，姜10克，红椒1个，蒜10克，罗勒20克

调料

蚝油2小匙，酱油膏、香油各1小匙，白糖1/4小匙，料酒2大匙，食用油1大匙

做法

① 蛤蜊浸泡吐沙后洗净；罗勒挑去粗茎，洗净沥干；姜洗净切丝；蒜、红椒均洗净后切碎。

② 热锅入1大匙食用油，小火爆香姜丝、蒜碎、红椒碎后，加入蛤蜊及蚝油、酱油膏、白糖、料酒。

③ 转中火略炒匀，待煮开出水后翻炒几下，炒至蛤蜊大部分开口，转大火炒至水分略干，加入罗勒及香油略炒几下即可。

热炒蛤蜊

材料

蛤蜊600克，姜末、蒜末、红椒圈各15克，葱段30克

调料

蚝油1大匙，白糖4克，鸡精1/4小匙，米酒3大匙，香油2大匙

做法

① 将蛤蜊洗净后静置吐沙，再放入沸水中略汆烫，捞出备用。

② 锅烧热，加入香油，然后放入蒜末和姜末爆香。

③ 续放入蛤蜊略为拌炒，再放入葱段和红椒圈，炒至蛤蜊开口，最后加入其余调料拌炒匀即可。

香啤蛤蜊

📋 **材料**
蛤蜊250克，啤酒200毫升，蒜末20克，红椒末10克，姜末15克，罗勒叶适量

🧂 **调料**
盐、白胡椒粉各适量，食用油25毫升

🍳 **做法**
① 蛤蜊洗净，浸泡吐沙后备用。

② 取炒锅烧热，加入食用油，放入蒜末、红椒末和姜末爆香。

③ 续加入蛤蜊快炒，再加入啤酒、盐和白胡椒粉翻炒，加盖焖至蛤蜊开口，盛出放上罗勒叶装饰即可。

罗勒蛤蜊

📋 **材料**
蛤蜊150克，葱1棵，蒜3瓣，红椒1/2个，罗勒10克

🧂 **调料**
白糖1小匙，酱油膏2大匙，食用油适量

🍳 **做法**
① 蒜洗净切末；红椒洗净切圈；葱洗净切小段；蛤蜊泡盐水至吐沙，备用。

② 热锅倒入适量油，放入蒜末、红椒圈、葱段，以中小火爆香。

③ 续于锅中加入蛤蜊，盖上锅盖转中火焖至蛤蜊开口，再加入其余调料炒匀。

④ 最后加入罗勒炒软即可。

豆酥蛤蜊

材料
蛤蜊250克，红椒末、葱末、蒜末各20克

调料
豆酥50克，辣椒酱20克，盐4克，食用油适量

做法
1. 蛤蜊洗净，浸泡至吐沙，放入滚水中汆烫至蛤蜊开口，捞起备用。
2. 取炒锅，先倒入食用油和豆酥，再以中小火拌炒至豆酥略冒泡。
3. 续加入辣椒酱、盐、红椒末、葱末和蒜末，翻炒至豆酥变色后，放入蛤蜊拌炒均匀即可。

豆豉牡蛎

材料
牡蛎150克，豆豉5克，蒜3瓣，葱1棵，红椒1个

调料
白糖2小匙，香油、米酒各少许，酱油膏1大匙，食用油适量

做法
1. 牡蛎洗净后，用沸水汆烫，沥干备用。
2. 豆豉洗净沥干；蒜洗净切末；葱洗净切成葱花；红椒洗净切圈，备用。
3. 热锅倒入适量食用油，放入豆豉、蒜末、红椒圈及葱花，以小火爆香，再加入牡蛎及其余调料，轻轻拌炒1分钟至均匀即可。

圣女果炒蛤蜊

材料

蛤蜊200克，培根30克，圣女果6个，洋葱末、蒜末各20克，罗勒末10克

调料

盐、黑胡椒粉、食用油各适量，米酒20毫升

做法

❶ 蛤蜊外壳洗净，浸泡吐沙后备用。

❷ 圣女果洗净，每个对剖成两等份；培根洗净切小丁。

❸ 取炒锅，加入食用油，放入培根丁煎炒至略焦后，加入洋葱末、蒜末，翻炒至香味溢出。

❹ 续加入蛤蜊、圣女果和其余调料略翻炒，加盖焖至蛤蜊开口后，再放入罗勒末拌炒均匀即可。

罗勒蚬子

材料

蚬子250克，圣女果6个，蒜末、罗勒叶各20克

调料

米酒20毫升，酱油膏50克，番茄酱20克，食用油适量

做法

❶ 蚬子洗净，浸泡至吐沙备用。

❷ 圣女果洗净，每个对剖成两等份。

❸ 取炒锅烧热，加入食用油，炒香蒜末和圣女果。

❹ 续加入蚬子翻炒后，再加入米酒、酱油膏和番茄酱翻炒均匀，加盖焖至蚬子开口，最后加入罗勒叶略翻炒即可。

丝瓜炒蛤蜊

材料
蛤蜊350克，丝瓜1/2根，蒜2瓣，姜5克，葱2棵，罗勒少许

调料
蚝油、盐各1大匙，香油、鸡精、白胡椒粉各1小匙，食用油少许

做法
1. 将蛤蜊泡入加了1大匙盐的冷水中，静置1~2个小时，吐沙备用。
2. 丝瓜去皮洗净切片；蒜和姜洗净切片；葱洗净切段；罗勒洗净沥干备用。
3. 取锅，加入少许食用油烧热，放入做法2的材料以大火翻炒均匀，再加入蛤蜊和其余调料，转小火略翻炒即可。

罗勒螺肉

材料
螺肉150克，葱、红椒圈、蒜各10克，罗勒适量

调料
酱油膏、米酒、食用油各1大匙，沙茶酱、白糖、香油各1小匙

做法
1. 将螺肉洗净，放入滚水中汆烫至熟，捞起备用。
2. 葱、蒜均洗净切末备用。
3. 热锅，放入1大匙食用油，加入做法2的材料和红椒圈爆香。
4. 再加入螺肉和其余调料快炒均匀，起锅前加入罗勒拌炒匀即可。

西红柿炒蛤蜊

材料
蛤蜊350克，西红柿块200克，葱段30克，蒜片10克

调料
盐1/4小匙，白糖、米酒、番茄酱各1小匙，食用油2大匙

做法
1. 热锅，加入2大匙食用油，放入蒜片、葱段爆香，再加入西红柿块拌炒，接着放入处理干净的蛤蜊炒至口微开。
2. 加入其余调料，炒至蛤蜊开口入味即可。

牡蛎豆腐

材料
牡蛎200克，嫩豆腐1盒，蒜8克，红椒、姜末各10克，豆豉20克，葱花30克

调料
酱油膏、水各2大匙，白糖、米酒、水淀粉、香油各1小匙，食用油1大匙

做法
1. 牡蛎洗净，入沸水中汆烫5秒，捞出沥干；嫩豆腐切粗丁；蒜、红椒洗净切末。
2. 热锅，倒入1大匙食用油，以小火爆香姜末、蒜末、红椒末、豆豉及葱花，再加入豆腐丁轻轻炒匀。
3. 加入米酒、酱油膏、白糖、水及牡蛎煮开后，以水淀粉勾芡，洒上香油即可。

罗勒凤螺

材料
凤螺150克，葱1棵，蒜3瓣，红椒1/2个，罗勒10克

调料
白糖、乌醋、香油、沙茶酱各1小匙，米酒、酱油膏各1大匙，白胡椒粉少许，食用油适量

做法
1. 凤螺洗净后，放入沸水中氽烫至熟，捞起沥干备用。
2. 葱洗净，切小段；蒜洗净，切末；红椒洗净，切圈，备用。
3. 热锅，倒入适量食用油，放入葱段、蒜末、红椒圈爆香。
4. 加入凤螺及其余调料拌炒均匀，再加入罗勒炒熟即可。

滑蛋牡蛎

材料
鸡蛋4个，牡蛎100克，葱花20克

调料
盐1/4小匙，水淀粉2大匙，食用油2大匙

做法
1. 将牡蛎洗净沥干，入开水锅中氽烫半分钟，并立即捞出冲凉沥干，备用。
2. 将鸡蛋打入碗中，加盐打匀后，加入牡蛎、水淀粉及葱花再拌匀。
3. 热锅，倒入食用油，将鸡蛋再拌匀一次后，倒入锅中以中火翻炒，至蛋液凝固盛出即可。

椒盐鱿鱼嘴

材料

鱿鱼嘴350克，面粉30克，葱段20克，红椒圈、蒜末各10克

调料

鸡精、盐、香油各1小匙，白胡椒粉1大匙，食用油适量

做法

1 鱿鱼嘴洗净，拍上面粉，放入油温为170℃的油锅中，炸成金黄酥脆状，捞起沥油。

2 锅留余油，放入葱段、红椒圈、蒜末爆香，再加入鱿鱼嘴与其余调料，一起翻炒均匀即可。

宫保鱿鱼

材料

水发鱿鱼200克，干红椒15克，姜丝5克，葱2棵，蒜味花生50克

调料

白醋、白糖、料酒、香油各1小匙，水、酱油各1大匙，淀粉1/2小匙，食用油2大匙

做法

1 水发鱿鱼洗净，剥除薄膜后切花刀，入沸水中汆烫10秒，捞出沥干；葱洗净切段，备用。

2 将白醋、酱油、白糖、料酒、水、淀粉调匀，即成兑汁备用。

3 热锅加入2大匙食用油，小火爆香葱段、姜丝及干红椒，加入鱿鱼，大火快炒5秒钟，边炒边淋入兑汁，炒匀至入味，最后加入蒜味花生，洒上香油即可。

干炒螃蟹

材料

螃蟹	2只
葱	2棵
姜	20克
红椒	20克
香芹叶	适量

调料

食用油	适量
淀粉	2大匙
盐	1/2小匙
白胡椒粉	1/4小匙
白糖	1/6小匙
米酒	2大匙

做法

1. 螃蟹洗净剥开背壳，剪去腹部三角形的外壳，再剪去背壳上尖锐的部分，最后除去鳃，切小块备用。

2. 葱洗净切小段；姜洗净切丝；红椒洗净切片，备用。

3. 热油锅至180℃，蟹肉均匀沾上一些淀粉后，放入油锅中炸2分钟至表面酥脆，起锅沥油。

4. 锅留底油，以小火爆香葱段、红椒片、姜丝，再放入蟹肉炒匀。

5. 加入盐、白胡椒粉、白糖、米酒，转中火炒匀，盛出以香芹叶和蟹壳装饰即可。

酸辣鱿鱼

材料
泡发鱿鱼300克，猪绞肉100克，酸菜末50克，红椒末10克，蒜末15克

调料
酱油、米酒、水淀粉各1大匙，香油、辣椒油、白醋、白糖各1小匙，食用油适量

做法
1. 泡发鱿鱼洗净，切花刀，再切小块，放入滚水中汆烫，备用。
2. 热锅，加入适量食用油，放入蒜末、红椒末爆香，再加入酸菜末与猪绞肉炒香，接着加入鱿鱼块及酱油、米酒、白醋、白糖拌炒均匀。
3. 加入水淀粉勾芡，起锅前加入香油及辣椒油拌炒均匀即可。

鸡蛋炒蟹

材料
鸡蛋3个，螃蟹1只，洋葱10克，葱5克，蒜3瓣，红椒圈适量，面粉少许

调料
盐、白胡椒粉各少许，香油1小匙，米酒1大匙，淀粉、食用油各适量

做法
1. 鸡蛋洗干净，敲入容器中打散备用。
2. 螃蟹洗净，切成大块状，拍上少许面粉，放入200℃的油锅中，炸至上色备用。
3. 洋葱洗净切丝；葱洗净切段；蒜洗净，切片备用。
4. 取炒锅，加入少许食用油，再加入做法3的材料和红椒圈，以中火爆香，接着放入螃蟹块和其余调料一起翻炒均匀，最后加入蛋液炒熟即可。

金沙软壳蟹

材料
软壳蟹3只，咸蛋黄4个，葱2棵，生菜适量

调料
淀粉1大匙，盐1/8小匙，鸡精1/4小匙，食用油适量

做法

❶ 把咸蛋黄放入蒸锅蒸熟，取出碾成泥状；葱洗净切花；生菜洗净铺在盘中。

❷ 油烧至180℃，将软壳蟹裹上淀粉下锅，以大火炸2分钟至略呈金黄色时，即可捞起沥干油。

❸ 另起炒锅，热锅后加入适量食用油，转小火将咸蛋黄泥入锅，再加入盐及鸡精；用锅铲不停搅拌至蛋黄起泡且有香味后，加入软壳蟹、葱花翻炒均匀，盛入铺有生菜的盘中即可。

蘑菇炒虾仁

材料
蘑菇150克，虾仁100克，蒜、葱、红椒各8克

调料
香油、酱油各1小匙，米酒、食用油各1大匙，盐、白胡椒粉各少许，水适量

做法

❶ 蘑菇洗净，切成小块状；虾仁洗净挑去肠泥；蒜、红椒皆洗净切片；葱洗净切段，备用。

❷ 取炒锅，加入1大匙食用油烧热，先放入蘑菇以中火炒香，再加入蒜片、红椒片、葱段一起翻炒均匀。

❸ 最后加入虾仁和其余调料，翻炒均匀即可盛出。

大白菜炒虾仁

材料
大白菜梗、虾仁各200克，蒜1瓣

调料
盐1/2小匙，食用油适量

腌料
料酒1小匙，白胡椒粉、淀粉各1/2小匙

做法
① 虾仁洗净，放入腌料搅拌均匀，放置10分钟；大白菜梗洗净切粗丝；蒜洗净切片。
② 煮一锅水，将虾仁氽烫至变红后，捞起沥干备用。
③ 取不粘锅放油后，爆香蒜片。
④ 放入大白菜丝拌炒后，加水焖煮至软化，再放入虾仁拌炒，加盐调味即可。

芦笋炒虾仁

材料
芦笋150克，虾仁250克，胡萝卜片、葱段、姜片各10克

调料
鲜美露、米酒、香油各1大匙，食用油适量

腌料
盐1/2小匙，米酒、淀粉各1大匙

做法
① 虾仁洗净去肠泥，加入腌料抓匀，腌制10分钟后，放入120℃的油锅中炸熟，备用。
② 芦笋洗净切段，放入滚水中焯烫，再捞起泡冷水，备用。
③ 热锅，加入适量食用油，放入葱段、姜片爆香，再加入胡萝卜片炒香，接着加入虾仁、芦笋及其余调料，拌炒均匀即可。

菠萝虾仁

材料
草虾仁150克，菠萝片罐头1小罐，柠檬1/2个，香芹叶适量

调料
盐1/6小匙，蛋清、白糖各1大匙，沙拉酱2大匙，食用油、淀粉各适量

做法
❶ 虾仁洗净，沥干水分后，用刀从虾背划开，深至1/3处，用盐、蛋清及少许淀粉抓匀腌制2分钟。

❷ 柠檬挤汁，加沙拉酱、白糖调匀成酱汁；罐头菠萝片沥干汤汁，备用。

❸ 油锅烧热至150℃，虾仁裹上剩余淀粉，下油锅炸2分钟，至表面酥脆，起锅沥油。

❹ 锅留余油，倒入虾仁、菠萝片翻炒，淋上酱汁，盛出，以香芹叶装饰即可。

蛋酥草虾

材料
鸡蛋2个，草虾6只，蒜末5克，红椒末、葱花各10克

调料
盐、白糖各1/2小匙，食用油适量

做法
❶ 草虾剪去须尖、尾、脚，洗净后剪开背部，放入油温为180℃的油锅内，炸至表面金黄酥脆，捞出。

❷ 鸡蛋取蛋黄，打散成蛋黄液，备用。

❸ 锅烧热，放入适量食用油，倒入蛋黄液，以小火快速搅拌，推匀至成细丝。

❹ 续炒至蛋黄液膨胀呈浅棕色，再放入蒜末、红椒末、葱花炒匀。

❺ 接着加入其余调料及草虾，快速翻炒均匀即可。

第三章

蔬菜类

在吃完美味的肉类与新鲜的海鲜后，除了喝杯饮料让自己爽口之外，也该食用一些清爽可口的蔬菜，让身体所吸收的营养得以均衡。快炒店常见的蔬菜菜肴，除了新鲜蔬菜本身带有的甜美，通过大火快速翻炒与准确的调味，不但很大程度上保留了蔬菜的营养成分，还使其风味得到提升。

冬瓜炒粉丝

📋材料

冬瓜	300克
粉丝	100克
虾米	20克
姜丝	10克
葱花	5克

🍶调料

高汤	150毫升
食用油	1大匙
盐	1/2匙
香油	1小匙

🍳做法

① 冬瓜洗净切丝。

② 烧一锅水，将冬瓜下锅焯烫后，捞出静置3分钟，让冬瓜软化备用。

③ 粉丝泡水20分钟后沥干；虾米泡水后沥干备用。

④ 热锅，倒入食用油，以小火略炒姜丝及虾米，下冬瓜丝及高汤、盐。

⑤ 小火煨煮2分钟后，放入粉丝拌炒1分钟至汤汁略收干，淋入香油，撒上葱花即可。

罗勒茄子

材料

茄子400克，红椒末15克，蒜末、姜末、罗勒叶各10克

调料

酱油膏2大匙，白糖2小匙，香油1小匙，食用油500毫升

做法

1. 茄子洗净后，切条备用。
2. 热锅倒入500毫升食用油，烧热至180℃，将茄子下锅炸1分钟后，捞起沥干油。
3. 锅留余油，以小火爆香红椒末、蒜末及姜末，加入酱油膏、水、白糖煮开，加入茄子，炒至汤汁略干后，加入罗勒叶炒匀，洒上香油即可。

肉末四季豆

材料

四季豆200克，肉末30克，蒜末10克

调料

辣椒酱、酱油各1大匙，白糖1/2小匙，水2大匙，食用油适量

做法

1. 四季豆洗净摘除头尾，再剥除两侧粗丝。
2. 热锅，倒入适量食用油，烧热至180℃，将四季豆下锅炸1分钟，至表面呈微金黄色后，捞起沥干油备用。
3. 锅中留少许油，以小火爆香蒜末，再放入肉末炒至散开，加入辣椒酱及酱油、白糖、水炒至干香。
4. 加入四季豆，炒至汤汁收干即可。

清炒菠菜

材料
菠菜400克，葱2棵，蒜片2小匙，红椒1个

调料
盐、鸡精各1小匙，米酒1大匙，水60毫升，食用油适量

做法
① 菠菜洗净，切成5厘米长的段状；葱洗净切段；红椒洗净切圈，备用。
② 热锅，倒入适量油，放入蒜片、葱段、红椒圈爆香。
③ 再加入菠菜段及其余调料，以大火拌炒至菠菜软化即可。

椒香四季豆

材料
四季豆300克，干红椒4个，蒜末少许

调料
盐1/2小匙，白糖1/4小匙，花椒少许，热水1大匙，食用油1小匙

做法
① 四季豆洗净，摘除两侧粗丝，斜切成两半；干红椒剪小段，泡水至略湿，备用。
② 热锅，倒入1小匙食用油，放入蒜末爆香，再放入四季豆段、干红椒段及盐，以小火炒2分钟。
③ 加入热水、花椒及白糖，炒1分钟即可。

腊肉炒荷兰豆

材料
荷兰豆300克，腊肉100克，蒜末8克，红椒片10克

调料
蚝油1小匙，盐1/8小匙，白糖1/4小匙，食用油1大匙

做法
1. 荷兰豆摘去粗筋，洗净备用。
2. 腊肉洗净，切成小片状，放入热水中泡3分钟，沥干。
3. 锅烧热，倒入1大匙食用油，放入蒜末爆香，加入腊肉片炒至表面微焦。
4. 再加入荷兰豆、其余调料和红椒片，以中火拌炒均匀即可。

酸辣大白菜

材料
大白菜梗200克，胡萝卜、葱段各20克，水发黑木耳60克，红椒30克，姜末、蒜末各5克

调料
白醋、酱油、水淀粉、食用油各1大匙，白糖2小匙，白胡椒粉少许，香油1小匙

做法
1. 大白菜梗洗净切块；胡萝卜、黑木耳、红椒洗净切片，备用。
2. 热锅，倒入食用油，以小火将葱段、姜末及蒜末爆香后，加入胡萝卜、黑木耳、大白菜梗。
3. 以小火稍煮2分钟，加入白醋、酱油、白糖及白胡椒粉拌匀后，再用水淀粉勾芡，并加入香油即可。

姜丝炒海龙筋

材料

海龙筋300克，罗勒20克，红椒10克，姜15克

调料

酱油1大匙，盐、鸡精、白糖、米酒各少许，食用油2大匙，乌醋适量

做法

1. 海龙筋洗净，切成5厘米长的段；红椒洗净切圈；姜洗净切丝；罗勒洗净沥干。
2. 取锅，倒入适量的水和少许醋煮开后，放入海龙筋段汆烫2分钟，捞出沥干水分。
3. 另热锅倒入食用油，中火爆香红椒圈和姜丝，续加入海龙筋段拌炒均匀；再放入其余调料拌炒3分钟至入味，最后加入罗勒拌炒均匀即可。

咸蛋炒苦瓜

材料

苦瓜350克，咸蛋2个，蒜末10克，红椒圈、葱末各10克

调料

盐少许，白糖、鸡精各1/4小匙，米酒1/2大匙，食用油2大匙

做法

1. 苦瓜洗净去头尾，切开去瓤、切片，放入沸水略焯烫捞出，冲水沥干；咸蛋去壳切小片，备用。
2. 取锅烧热后，倒入2大匙油，放入咸蛋片以小火爆香，加入蒜末、葱末炒香。
3. 续于锅中放入红椒圈与焯烫过的苦瓜片，以小火拌炒2分钟，最后加入其余调料，拌炒至入味即可。

虾酱空心菜

材料

空心菜500克，蒜2瓣，红椒1个

调料

虾酱、水各1大匙，味精1/4小匙，食用油2大匙

做法

① 空心菜切小段后，洗净沥干备用。

② 蒜洗净切末；红椒洗净切圈，备用。

③ 热锅，倒入2大匙油，以小火爆香红椒圈、蒜末及虾酱。

④ 放入空心菜，加入味精、水后，快炒至空心菜变软即可。

培根炒卷心菜

材料

卷心菜600克，培根3片，蒜10克，红椒圈5克

调料

盐、鸡精各1/4小匙，米酒1大匙，白胡椒粉少许，食用油2大匙

做法

① 卷心菜泡水15分钟后，洗净切小片；培根切小片；蒜洗净切片，备用。

② 热锅，倒入2大匙油，放入蒜片、红椒圈爆香，加入培根片炒香后取出备用；锅留底油，倒入卷心菜炒至微软，再加入其余调料与炒香的培根片拌炒匀即可。

虾炒卷心菜

材料
卷心菜200克，蒜、樱花虾各10克

调料
盐1/2小匙，白糖1/4小匙，水、食用油各适量

做法
① 卷心菜洗净后切片；蒜洗净切末，备用。
② 热锅，倒入适量食用油，以小火爆香蒜末及樱花虾。
③ 加入卷心菜、水、盐及白糖，炒至卷心菜变软即可。

豆豉苦瓜

材料
白玉苦瓜150克，豆豉20克，蒜末10克，红椒末、姜片各5克，水300毫升

调料
酱油、白糖各1大匙，食用油适量

做法
① 白玉苦瓜去瓤，洗净切块状，放入油温为140℃的油锅中略炸，即捞出沥油，备用。
② 热炒锅，加入少许食用油，放入豆豉、蒜末、红椒末、姜片、其余调料和水，接着放入白玉苦瓜块翻炒均匀，焖10分钟至熟即可。

蛤蜊丝瓜

材料
丝瓜350克，蛤蜊80克，葱白20克，姜10克

调料
盐1/2小匙，白糖1/4小匙，食用油适量

做法

1. 丝瓜去皮、去籽洗净，切成菱形块，放入油锅中过油，捞起沥干备用。
2. 葱白洗净切丝；姜洗净切片；蛤蜊泡盐水至吐沙，备用。
3. 热锅倒入适量油，放入姜片爆香，再加入丝瓜块及蛤蜊以中火拌炒均匀，盖上锅盖焖煮至蛤蜊开口，最后加入其余调料拌匀，盛盘后摆上葱白丝即可。

虾米炒丝瓜

材料
丝瓜250克，胡萝卜15克，金针菇100克，虾米10克，姜末、蒜末各5克

调料
盐1/4小匙，鸡精、白胡椒粉、香油各少许，热水50毫升，食用油1/2大匙

做法

1. 丝瓜洗净去皮、切小片；金针菇去蒂头，洗净切段；虾米泡软；胡萝卜洗净切丝。
2. 热锅，放入1/2大匙食用油，爆香虾米、蒜末、姜末。
3. 续加入胡萝卜丝、丝瓜片、金针菇段、热水，以中火拌炒均匀，盖上锅盖煮1分钟，最后加入其余调料拌炒至入味即可。

热炒生菜

材料
生菜1/2棵，肉酱罐头80克，葱2棵，蒜2瓣，红椒1个，香菜少许

调料
盐、白胡椒粉各少许，白糖1小匙，食用油适量

做法
1. 生菜洗净，一片片剥下来后，再掰成大块状备用。
2. 红椒洗净切圈；蒜洗净切片状；葱洗净切段，备用。
3. 热锅，倒入适量食用油，以中火爆香红椒圈、蒜片、葱段，加入肉酱罐头及其余调料炒香。
4. 续加入生菜略炒匀，盖上锅盖焖30秒，盛出撒上香菜叶即可。

炒青金针菜

材料
枸杞子10克，青金针菜200克，姜10克

调料
盐1/4小匙，味精少许，食用油1大匙

做法
1. 姜洗净切丝；枸杞子洗净泡软，备用。
2. 青金针菜去蒂头洗净，放入滚水中快速焯烫后捞出，浸泡在水中，备用。
3. 热锅倒入食用油，小火爆香姜丝，放入枸杞子、青金针菜以及其余调料，以中火拌炒1分钟至入味即可。

豆豉山苏

材料

山苏200克，豆豉、小鱼干各1大匙，蒜5克，香菇2朵，红椒圈少许

调料

盐、白胡椒粉各少许，香油1小匙，食用油适量

做法

1. 豆豉、小鱼干泡水至软；蒜与香菇洗净切片备用。
2. 山苏去老梗，洗净泡水备用。
3. 锅置火上烧热，倒入适量食用油，放入蒜片与香菇片以中火爆香，再加入豆豉、小鱼干、红椒圈及洗净的山苏，一起翻炒1分钟，最后加入其余调料炒匀，盖上盖焖30秒，盛出即可。

皮蛋红薯叶

材料

皮蛋2个，红薯叶300克，水50毫升

调料

盐1/4小匙，鸡精1/8小匙，食用油2大匙

做法

1. 皮蛋放入滚水中煮5分钟，待凉后去壳、切丁，备用。
2. 红薯叶洗净，去老茎、切段，备用。
3. 热锅，加入2大匙食用油，放入红薯叶、水炒软，加入其余调料、皮蛋丁炒匀即可。

干煸茭白

📋 **材料**

茭白200克，猪绞肉30克，蒜末、葱花各10克

🍶 **调料**

辣椒酱、酱油各1大匙，水2大匙，食用油适量

🍳 **做法**

1. 将茭白洗净，切滚刀块。
2. 热锅，倒入适量食用油，烧热至180℃，将茭白加入油锅中炸1分钟至表面金黄后，捞起沥油。
3. 另取锅加热，加入食用油以小火爆香蒜末，加入猪绞肉炒至肉变白且松散后，再加入辣椒酱、酱油及水炒匀。
4. 将茭白加入，炒至汤汁收干，最后撒上葱花即可。

滑蛋蕨菜

📋 **材料**

蕨菜500克，蒜末20克，蛋黄1个

🍶 **调料**

盐1/2小匙，水50毫升，米酒、食用油各2大匙

🍳 **做法**

1. 将蕨菜粗梗摘除，嫩叶部分切成小段后洗净，沥干备用。
2. 热锅，倒入2大匙油，以小火爆香蒜末后，放入蕨菜及其余调料。
3. 拌炒至蕨菜变软，盛起沥干水分，装盘。
4. 将蛋黄放在蕨菜上，食用时拌匀即可。

山药炒秋葵

📌 **材料**

山药200克，秋葵6个，葱1棵，蒜2瓣，红椒圈少许

📋 **调料**

西式香料1小匙，盐、白胡椒粉各少许，食用油适量

📑 **做法**

① 将山药去皮洗净后，再切滚刀块，放入油温为180℃的油锅中炸成金黄色，备用。

② 将秋葵、蒜洗净切片；葱洗净切花。

③ 锅留余油，将蒜片以中火爆香，再加入山药块一起翻炒1分钟。

④ 续加入秋葵、红椒圈与其余调料炒香，起锅前加入葱花即可。

虾米炒瓢瓜

📌 **材料**

瓢瓜450克，葱段10克，蒜末、虾米各20克，香菜适量

📋 **调料**

盐1小匙，食用油适量

📑 **做法**

① 瓢瓜洗净去皮，切粗条备用。

② 锅烧热，放入适量油，加入葱段、蒜末、虾米爆香。

③ 再加入瓢瓜条，以小火拌炒20秒。

④ 盖上锅盖，焖煮3分钟，最后加入盐调味，撒上香菜即可。

香菇炒莼菜

材料

莼菜250克，鲜香菇3朵，红椒、姜各10克

调料

盐1/4小匙，味精少许，食用油2大匙

做法

① 莼菜洗净切段；鲜香菇洗净切片；红椒洗净切圈；姜洗净切末，备用。

② 热锅倒入食用油，爆香姜末，放入红椒圈、鲜香菇片炒香。

③ 续于锅中放入莼菜段拌炒均匀，加入其余调料，快炒至入味即可。

醋炒莲藕片

材料

莲藕200克，姜片、红椒片各10克，香菜适量

调料

盐、鸡精、白糖、香油各1小匙，白醋1大匙，食用油适量

做法

① 莲藕洗净、切圆形薄片状，放入滚水中煮3~4分钟，再捞起沥干，备用。

② 热锅，加入适量食用油，放入姜片、红椒片以中火爆香，再加入莲藕片及其余调料，快炒30秒，盛出后撒上香菜即可。

甜椒炒百合

材料
新鲜百合100克，甜椒200克，姜10克，热水100毫升

调料
盐1/4小匙，白糖、味精各少许，食用油2大匙

做法
1. 甜椒去籽洗净，切片；姜洗净切片。
2. 新鲜百合洗净，沥干水分，备用。
3. 热锅倒入食用油，小火爆香姜片至呈微焦状后取出。
4. 锅中放入甜椒片略炒后，放入百合、热水及其余调料，大火快炒1分钟至入味即可。

肉末炒韭菜花

材料
猪绞肉50克，韭菜花150克，豆豉、蒜末各10克，红椒1个

调料
酱油2小匙，白糖1/2小匙，香油1小匙，食用油1大匙

做法
1. 韭菜花洗净后切丁；豆豉稍微冲洗后沥干；红椒洗净切末，备用。
2. 热锅，倒入1大匙食用油，以小火爆香蒜末、红椒末及豆豉。
3. 再放入猪绞肉炒至散开，且颜色变白后，加入酱油、白糖。
4. 以中火炒至干香，最后加入韭菜花丁，以大火快炒5秒后，洒上香油即可。

双椒炒南瓜

材料

南瓜	200克
洋葱丁	50克
红椒丁	30克
青椒丁	30克
蒜末	20克
水	150毫升

调料

咖喱粉	1大匙
盐	1/2小匙
白糖	1/2小匙
食用油	2大匙

做法

1. 将南瓜去皮去籽，洗净后切成南瓜丁。
2. 热锅，加入食用油，以小火将洋葱丁、蒜末爆香。
3. 将咖喱粉加入略为拌匀炒香，再加入红椒丁、青椒丁、水以及南瓜丁拌炒，盖上锅盖，小火焖3分钟至南瓜熟。
4. 待南瓜熟后，加入盐、白糖，炒匀即可。

韭香皮蛋

材料
皮蛋3个，韭菜段150克，胡萝卜丝、姜丝各10克，红薯粉、香菜各适量

调料
盐1小匙，白糖1/4小匙，食用油适量

做法
1. 皮蛋放入水中煮熟，每个皮蛋切成4块。
2. 将皮蛋沾裹上适量红薯粉，放入油温为160℃的油锅中炸至定形，捞起备用。
3. 锅留少许油，加入姜丝爆香。
4. 加入皮蛋、胡萝卜丝和韭菜段拌炒均匀。
5. 最后加入其余调料快炒均匀，盛出后撒上香菜即可。

葱油炒豆苗

材料
豆苗200克，红椒1个，姜10克，蒜末3克，葱花5克

调料
葱油、食用油各1大匙，盐、白胡椒粉各少许，水2大匙

做法
1. 豆苗去蒂，洗净；红椒、姜洗净切丝。
2. 取炒锅，加入1大匙食用油，放入蒜末、红椒丝、姜丝以中火爆香，再放入豆苗翻炒2分钟。
3. 续加入其余调料翻炒均匀，盛出，撒上葱花即可。

香菇大白菜

材料
大白菜400克，干香菇3朵，虾米30克，蒜末10克，高汤150毫升

调料
盐1/2小匙，鸡精、白糖、香油各1/4小匙，食用油2大匙，水淀粉少许

做法
1. 大白菜洗净后切片；干香菇泡软后切丝；虾米洗净，泡水5分钟备用。
2. 热锅，加入2大匙食用油烧热，放入蒜末爆香，加入香菇丝和虾米一起炒香后，放入大白菜片炒至微软，再倒入高汤煮软后加入其余调料（香油、水淀粉除外）拌炒。
3. 将水淀粉倒入勾芡，最后淋入香油即可。

清炒娃娃菜心

材料
娃娃菜心300克，姜10克，蒜3瓣，红椒20克

调料
三杯酱2大匙，高汤150毫升，盐、白胡椒粉各少许，食用油1大匙

做法
1. 娃娃菜心洗净切成小片状，放入沸水焯烫捞起；姜、蒜、红椒均洗净切片。
2. 取炒锅加入1大匙食用油，放入所有材料爆香，加入其余调料，以中火翻炒均匀，至娃娃菜心软化即可。

双蛋苋菜

材料
熟咸蛋、皮蛋各1个，苋菜300克，蒜末5克，水200毫升

调料
盐1/4小匙，鸡精1/8小匙，食用油2大匙

做法
1. 皮蛋去壳切丁；熟咸蛋去壳切丁，备用。
2. 苋菜洗净切段，备用。
3. 热锅，加入2大匙食用油，放入蒜末略炒，再加入水、皮蛋丁、熟咸蛋丁炒匀，加入苋菜段及其余调料，炒至苋菜软即可。

菠菜炒金针菇

材料
菠菜200克，金针菇150克，蒜2瓣

调料
盐1/2小匙，食用油少许

做法
1. 菠菜洗净切段；金针菇洗净切段；蒜洗净切片。
2. 取不粘锅放食用油后，爆香蒜片。
3. 加入金针菇段、菠菜段及盐拌炒均匀后即可盛盘。

香菇炒芦笋

📋 **材料**

鲜香菇3朵，芦笋300克，蒜2瓣

🧂 **调料**

鸡精1小匙，食用油少许

🍳 **做法**

① 鲜香菇洗净切片；蒜洗净切片，备用。

② 芦笋洗净切段，放入沸水中焯烫至软化，捞起沥干即可。

③ 热锅，倒入少许油，爆香蒜片、香菇片。

④ 加入芦笋段拌炒均匀，加鸡精调味即可。

樱花虾炒芦笋

📋 **材料**

芦笋230克，玉米笋5根，樱花虾2大匙，姜5克

🧂 **调料**

盐、黑胡椒粉各少许，高汤150毫升，水淀粉、食用油各适量

🍳 **做法**

① 芦笋洗净，去除根部粗表皮，再切成斜段备用。

② 玉米笋洗净切斜片；姜洗净切丝，备用。

③ 樱花虾洗净，入炒锅以小火干炒后取出。

④ 另热锅，加入食用油，再加入所有材料以中火炒匀，接着加入盐、黑胡椒粉、高汤炒匀，最后以水淀粉勾薄芡即可。

炒箭笋

材料

箭笋300克，猪绞肉100克，蒜末10克，红椒圈
5克

调料

辣豆瓣酱2大匙，盐、白糖、水淀粉各少许，米
酒1小匙，鸡精1/4小匙，食用油2大匙，水少许

做法

① 箭笋洗净，放入沸水中焯烫，捞出备用。

② 取锅烧热后倒入2大匙油，加入蒜末爆香，
放入猪绞肉炒散。

③ 续加入辣豆瓣酱炒香，再放入红椒圈、其
余调料（水淀粉除外）、箭笋，一同拌炒
入味，最后加入水淀粉勾芡即可。

清炒时蔬

材料

红椒、青椒各30克，带皮南瓜、大头菜各150
克，新鲜黑木耳100克，葱片20克

调料

米酒1大匙，辣豆瓣酱、蚝油、白糖各1小匙，食
用油、水各少许

做法

① 红椒、青椒洗净去籽切片；新鲜黑木耳洗
净汆烫切片；南瓜洗净去籽，切薄片；大
头菜洗净去皮，切薄片；所有调料（食用
油除外）混匀。

② 将红椒片、青椒片放入油锅中过油捞出。

③ 原锅留底油，放入南瓜片、大头菜片、黑
木耳片以小火慢慢煎软，再加入葱片炒
香，续加入混合的调料炒至入味，起锅前
加入红椒片、青椒片拌炒即可。

炒红薯叶

材料
红薯叶120克，蒜末30克

调料
酱油、香油各1大匙，白糖1/2小匙，水3大匙，食用油少许

做法
1. 将红薯叶洗净切段，放入滚水中焯烫至九分熟，捞出，备用。
2. 热锅，加入少许食用油，放入蒜末炒香，接着加入其余调料拌匀，最后放入红薯叶以中火拌炒匀即可。

辣炒脆土豆丝

材料
土豆100克，干红椒段8克，青椒10克

调料
白糖、鸡精各1/2小匙，盐、白醋各1小匙，花椒粒2克，黑胡椒粉、食用油各适量

做法
1. 土豆去皮洗净切丝；青椒洗净去籽切丝，备用。
2. 热锅，倒入食用油，放入花椒粒爆香后，捞除花椒粒，再放入干红椒段炒香。
3. 放入做法1的材料炒匀，加入其余调料炒匀即可。

咸鱼炒西蓝花

材料
西蓝花300克，咸鱼20克，蒜末1小匙

调料
盐、白糖各少许，食用油适量

做法
1. 西蓝花切成小朵，洗净备用。
2. 咸鱼切碎备用。
3. 取一锅水烧开，加入少许白糖和少许食用油，再放入西蓝花，焯烫90秒捞出。
4. 锅烧热，倒入食用油，放入蒜末及咸鱼碎炒香。
5. 加入西蓝花和其余调料，炒至均匀即可。

咸蛋炒上海青

材料
上海青300克，熟咸蛋2个，红椒丝适量，蒜末10克

调料
盐、鸡精各少许，米酒1小匙，食用油适量

做法
1. 上海青切除蒂头后洗净、切小段；熟咸蛋剥开，将蛋黄与蛋白取出，分别剁碎。
2. 热锅，倒入适量油，放入蒜末、咸蛋黄碎，拌炒至蛋黄冒泡，加入红椒丝与上海青段炒匀。
3. 加入咸蛋白碎与其余调料，炒匀即可。

西红柿炒茄子

材料
茄子150克，西红柿50克，青椒1个，姜10克

调料
酱油、乌醋各1小匙，白糖1/2大匙，盐1/4小匙，食用油适量

做法
1. 西红柿洗净切丁；青椒洗净切圈；姜洗净切片；茄子洗净切条焯烫备用。
2. 取不粘锅，放适量食用油，爆香姜片、青椒圈。
3. 放入西红柿丁、茄子略炒后，加入其余调料煮至收汁即可盛盘。

西芹炒莲藕丝

材料
莲藕120克，西芹段80克，胡萝卜丝30克，黄甜椒丝20克，水150毫升

调料
酱油3大匙，盐、白糖各1小匙，食用油1大匙

做法
1. 莲藕洗净切丝，放入滚水中略焯烫。
2. 取锅，加入食用油，加入莲藕丝、水和其余调料炒香，放入其余材料略拌炒即可。

芝麻炒牛蒡丝

材料
牛蒡200克，姜10克，胡萝卜、熟白芝麻各适量

调料
乌醋1小匙，盐、白糖各1/4小匙，白醋少许，食用油2大匙

做法
1. 胡萝卜洗净去皮切丝；姜洗净切末；牛蒡洗净去皮切丝，放入白醋中浸泡，使用前捞出沥干，备用。
2. 热锅倒入食用油，爆香姜末，放入牛蒡丝、胡萝卜丝略炒。
3. 于锅中放入其余调料，快速拌炒至入味，最后撒上熟白芝麻拌匀即可。

枸杞子炒山药

材料
带皮山药600克，枸杞子1大匙

调料
盐1小匙，鸡精1/2小匙，食用油2大匙

做法
1. 将带皮山药放入蒸锅中，加入适量水没过山药，蒸15分钟，取出放凉。
2. 将蒸熟的山药去皮，切成长条状，备用。
3. 枸杞子泡冷水，至软后取出。
4. 锅烧热，倒入2大匙油，放入山药、枸杞子，以小火炒3分钟。
5. 最后加入其余调料炒匀即可。

麻婆豆腐

材料
豆腐1块，猪绞肉50克，葱2棵，蒜末、姜末各1小匙，葱花适量

调料
辣椒酱2大匙，酱油、香油各1小匙，鸡精、白糖各1/2小匙，水淀粉、花椒粉、食用油各适量

做法
1. 豆腐洗净切粗丁；葱洗净切葱花，备用。
2. 热锅入食用油，以小火爆香蒜末、姜末，再放入猪绞肉炒熟。
3. 加入辣椒酱炒香，放入酱油、鸡精、白糖、水，烧开后再放入豆腐。
4. 略煮滚，转小火，慢慢淋入水淀粉，同时摇晃锅，使水淀粉均匀。
5. 用锅铲轻推，以免豆腐破碎，加入香油即可装盘，装盘后撒上葱花及花椒粉即可。

金沙豆腐

材料
板豆腐300克，咸蛋黄4个，红椒1个，葱花20克，香菜适量

调料
淀粉2大匙，白糖1/6小匙，食用油适量

做法
1. 板豆腐洗净切小块；红椒洗净切末。
2. 咸蛋黄放入蒸锅中蒸4分钟至熟后，用刀碾成泥状备用。
3. 热油锅至180℃，豆腐均匀沾上淀粉后放入锅中，炸至金黄酥脆后，捞起沥干油。
4. 锅中留适量油，将咸蛋黄泥、白糖入锅，转小火用锅铲不停搅拌至蛋黄起泡。
5. 加入炸豆腐，快速翻炒后撒入葱花及红椒末，翻炒均匀盛出，撒上香菜即可。

肉酱炒油豆腐

材料

三角油豆腐300克，肉酱罐头1罐，蒜苗、红椒、蒜末各10克，高汤150毫升

调料

盐少许，鸡精、白糖各1/4小匙，食用油2大匙

做法

① 三角油豆腐放入滚水中焯烫一下，捞起沥干备用。

② 蒜苗洗净切末；红椒洗净切圈，备用。

③ 热锅，放入2大匙食用油烧热，以中火爆香蒜末，再放入肉酱拌炒至香味四溢，加入三角油豆腐拌炒，再加入高汤以小火煮10分钟。

④ 最后放入蒜苗末、红椒圈以及其余调料，以中火炒至入味即可。

茄子豆腐

材料

豆腐1盒，茄子1个，罗勒25克，蒜末、姜末、红椒片各10克，高汤100毫升

调料

蚝油1小匙，鸡精少许，盐、白糖各1/4小匙，米酒1/2大匙，食用油适量

做法

① 豆腐洗净切块；茄子去蒂头洗净，去部分皮，切段；罗勒洗净，挑嫩芽备用。

② 将茄子段放入油温为160℃的油锅中炸至变色且微软，捞出沥油备用。

③ 锅留余油烧热，放入蒜末、姜末、红椒片以中火爆香，再放入豆腐块、茄子和高汤煮1分钟，加入其余调料和罗勒，以小火轻轻拌煮至入味即可。

葱香鱼豆腐

材料

鱼豆腐	300克
葱	1棵
红椒	1个
姜末	10克
蒜末	10克
猪绞肉	100克

调料

高汤	100毫升
水淀粉	少许
食用油	2大匙
辣豆瓣酱	2大匙
乌醋	1/2大匙
白糖	1/2小匙
胡椒粉	少许
米酒	1大匙

做法

1. 葱洗净，分葱白和葱绿，切末；红椒先洗净再切末，备用。

2. 热锅，放入2大匙食用油，以中火将葱白末、红椒末、姜末和蒜末一同爆香。

3. 将猪绞肉和辣豆瓣酱放入锅中，炒至香味四溢。

4. 续于锅中放入鱼豆腐、高汤、乌醋、白糖、胡椒粉和米酒，以小火炒至入味，再以水淀粉勾芡，最后撒上葱绿末即可。

三杯豆腐

材料

板豆腐4块，姜片15克，蒜片、红椒片各10克，罗勒30克

调料

酱油2大匙，素蚝油1大匙，米酒、香油各3大匙，食用油适量

做法

1. 板豆腐洗净切块，放入热油锅中炸至定形、上色后捞出。
2. 另取锅，热锅后加入香油，放入姜片和蒜片爆香至微焦，再加入红椒片和板豆腐块拌炒。
3. 续加入其余调料炒至入味，最后放入罗勒炒匀即可。

豆酱豆腐

材料

豆腐350克，碧玉笋、红椒、姜、葱丝各10克

调料

黄豆酱50克，白糖1/2小匙，味精少许，水2大匙，食用油适量

做法

1. 碧玉笋、红椒、姜洗净切丝；豆腐洗净，切成长条状，沥干水分，备用。
2. 热油锅至160℃，放入豆腐条炸至外表呈金黄色，捞出沥油备用。
3. 另热锅倒入食用油，爆香红椒丝、葱丝、姜丝，放入黄豆酱炒香。
4. 续放入碧玉笋丝、豆腐条以及其余调料，拌炒均匀至入味即可。

姜烧香菇

材料
鲜香菇150克，玉米100克，红椒15克，里脊肉50克，姜泥10克

调料
酱油2大匙，米酒、味酥各1大匙，食用油、淀粉各适量

做法
1. 所有调料（食用油、淀粉除外）与姜泥混合均匀；红椒洗净切片；玉米洗净切片状；鲜香菇洗净，每朵切4片备用。
2. 里脊肉洗净切薄片，放入混合的调料中腌10分钟，取出沥干，沾上薄薄的淀粉。
3. 热锅，倒入适量食用油，再放入里脊肉、鲜香菇、玉米片煎至两面上色，倒入腌肉的酱汁炒至食材充分入味，加入红椒片炒匀即可。

杏鲍菇炒肉

材料
杏鲍菇、猪绞肉各200克，洋葱20克，葱花10克

调料
盐、白胡椒粉、香油、黑胡椒粉各少许，白糖1小匙，酱油、食用油各1大匙，水适量

做法
1. 杏鲍菇洗净、切小丁；洋葱洗净切碎。
2. 炒锅加入1大匙食用油烧热，放入猪绞肉与杏鲍菇丁，以中火先炒香，再加入洋葱碎，以中火翻炒均匀。
3. 续加入其余调料，炒至材料入味，且汤汁略收干。
4. 最后加入葱花即可。

黑木耳炒鲍菇

材料
杏鲍菇150克，水发黑木耳100克，腊肉50克，姜丝5克

调料
和风柴鱼酱油2大匙，食用油适量

做法
1. 黑木耳洗净，切小片，放入沸水中焯烫20秒；腊肉切薄片，放入沸水中氽烫30秒；杏鲍菇洗净切厚片，备用。
2. 热锅，倒入适量油，放入杏鲍菇片煎至上色，取出备用。
3. 于原锅中放入姜丝、腊肉片炒香，再放入黑木耳及其余调料炒至入味。
4. 最后将杏鲍菇片加入锅中炒匀即可。

玉米笋炒鲜菇

材料
蟹味菇1包，干香菇2朵，红椒圈5克，蒜2瓣，玉米笋2根，黄甜椒15克

调料
盐、黑胡椒粉各少许，西式综合香料、香油、食用油各1小匙

做法
1. 蟹味菇洗净去蒂；干香菇泡冷水至软，洗净切丝；玉米笋洗净切斜段；黄甜椒洗净切条；蒜洗净切片，备用。
2. 热锅，加入1小匙食用油，加入蒜片、红椒圈，以中火先炒香。
3. 加入蟹味菇、香菇丝、玉米笋段、黄甜椒条及其余调料炒匀即可。

炒鲜香菇

材料
鲜香菇200克，葱3棵，红椒2个，蒜5瓣，淀粉3大匙

调料
盐1/4小匙，食用油适量

做法

1. 鲜香菇切小块后，泡水1分钟后洗净略沥干；葱、红椒、蒜均洗净切末，备用。
2. 热油锅至180℃，香菇撒上淀粉拍匀，放入油锅中，以大火炸1分钟至表皮酥脆，立即起锅，沥干油分备用。
3. 锅中留少许油，放入葱末、蒜末、红椒末以小火爆香，再放入香菇、盐，以大火翻炒均匀即可。

双菇炒芦笋

材料
蟹味菇、白玉菇各80克，芦笋150克，甜椒20克，蒜末10克

调料
盐、鸡精各1/2小匙，米酒1大匙，香油1小匙，食用油适量

做法

1. 蟹味菇、白玉菇去蒂头洗净；芦笋洗净切段；甜椒洗净切条，备用。
2. 芦笋段、甜椒条入沸水中焯烫一下，捞出泡冰水备用。
3. 热锅，放入油、蒜末爆香，放入蟹味菇、白玉菇炒数下，再放入芦笋段、甜椒条及盐、鸡精、米酒炒匀，最后淋上香油拌匀即可。

咸蛋炒杏鲍菇

材料
杏鲍菇150克，熟咸蛋1个，红椒末、蒜末、芹菜末各5克，芹菜嫩叶少许

调料
盐、白糖各1/2小匙，食用油少许

做法
1. 熟咸蛋去壳切碎；杏鲍菇洗净切滚刀块，取锅烧热后，将杏鲍菇放入烘烤至略焦盛出，备用。
2. 重新热锅，加入少许食用油，放入咸蛋碎炒香，接着加入红椒末、蒜末、芹菜末与杏鲍菇块炒匀。
3. 加入其余调料炒匀，盛盘后，放上洗净的芹菜嫩叶即可。

葱爆香菇

材料
鲜香菇150克，葱100克

调料
甜面酱1小匙，酱油1/2大匙，蚝油、味醂、水各1大匙，食用油适量

做法
1. 鲜香菇洗净，表面划刀，切块状；葱洗净切长段；所有调料（食用油除外）混合均匀备用。
2. 热锅，倒入适量油，放入鲜香菇煎至表面上色后取出，再放入葱段炒香后取出。
3. 混合的调料倒入锅中煮沸，放入香菇炒至充分入味，再放入葱段炒匀即可。

酱炒白灵菇

材料
白灵菇150克，西芹100克，红椒片40克，蒜片10克

调料
沙茶酱、米酒各1大匙，盐1/4小匙，白糖少许，食用油2大匙

做法
1. 白灵菇洗净切段；西芹洗净切片备用。
2. 热锅加入2大匙油，放入蒜片爆香，续放入白灵菇拌炒。
3. 最后放入西芹片、红椒片和其余调料，拌炒至入味即可。

咖喱炒秀珍菇

材料
秀珍菇250克，五花肉100克，红椒1个，葱1棵，蒜2瓣

调料
咖喱粉、酱油各1小匙，盐、黑胡椒粉各少许，食用油1大匙

做法
1. 将秀珍菇洗净，再切成小段状，备用。
2. 五花肉洗净切片；红椒洗净切圈；蒜洗净切片；葱洗净切段，备用。
3. 取炒锅，倒入1大匙食用油烧热，先加入做法2的材料以中火爆香，再加入秀珍菇段与其余调料，拌炒均匀即可。

金针菇炒黄瓜

材料
金针菇150克，茭白、小黄瓜各1根，红椒1/2个，葱1棵，香菜少许

调料
味酥1小匙，盐少许，食用油1大匙

做法

1. 金针菇切去根部后洗净；茭白剥去外皮后洗净、切片备用。

2. 红椒洗净、切长条；葱洗净、切段；小黄瓜洗净，对切后切长条，备用。

3. 热锅，倒入1大匙油烧热，先放入红椒条和葱段爆香，再放入茭白片、小黄瓜条、金针菇以中火炒香，加入其余调料，最后撒上香菜装盘即可。

香辣金针菇

材料
金针菇80克，蒜2瓣，红椒、葱丝各适量

调料
辣椒油1大匙，白糖、辣豆瓣各1小匙，香油、盐各少许

做法

1. 金针菇洗净后切除蒂头；蒜洗净切碎；红椒洗净切丝，备用。

2. 取炒锅，先加入香油，再加入蒜碎、红椒丝和葱丝，以中火爆香。

3. 最后加入金针菇和其余调料，以中火炒至汤汁略收即可。

泡菜炒双菇

材料
秀珍菇120克，金针菇、猪肉片、韩式泡菜各100克

调料
酱油1大匙，味醂1/2大匙，盐、白胡椒粉各少许，食用油适量

做法
1. 猪肉片撒上盐、白胡椒粉腌制；金针菇去蒂头，洗净切段，备用。
2. 热锅，倒入适量油，放入猪肉片煎至上色，再放入秀珍菇、金针菇段炒匀。
3. 加入酱油、味醂、韩式泡菜炒匀即可。

香蒜黑珍珠菇

材料
黑珍珠菇150克，培根2片，蒜苗2根，蒜5克

调料
盐、鸡精各适量，食用油少许

做法
1. 蒜苗洗净切斜长段；蒜洗净切片；培根切小片；黑珍珠菇洗净，备用。
2. 热锅，倒入少许油，放入蒜片炒香，再放入培根炒出油。
3. 放入黑珍珠菇、蒜苗段炒匀，再加盐、鸡精调味即可。

蚝油炒双菇

材料
杏鲍菇、秀珍菇各150克，小豆苗100克，姜片10克，红椒丝少许，水100毫升

调料
蚝油2大匙，盐、白糖、鸡精、香油各少许，食用油1大匙，水淀粉适量

做法
1. 杏鲍菇洗净切大块；秀珍菇、小豆苗分别洗净备用。
2. 将小豆苗放入沸水中，快速焯烫后捞出，沥干水分，盛盘。
3. 热锅，放入1大匙食用油，爆香姜片，加入杏鲍菇、秀珍菇以中火炒至微软，加入红椒丝、水和其余调料（水淀粉除外）炒至入味，以水淀粉勾芡，盛在豆苗上即可。

蟹味菇炒芦笋

材料
蟹味菇100克，芦笋120克，蒜2瓣，红椒1个，猪肉丝80克

调料
盐、白胡椒粉、香油各少许，水、食用油各适量

腌料
米酒1大匙，香油、酱油、淀粉各1小匙

做法
1. 蟹味菇去蒂，洗净；芦笋洗净去粗丝，切段；蒜、红椒均洗净切片。
2. 猪肉丝与腌料拌匀，腌制10分钟。
3. 取炒锅，倒入食用油烧热，加入腌制好的猪肉丝，以中火先炒香，再加入做法1的所有材料拌炒均匀。
4. 续加入其余调料炒匀，至汤汁略收即可。

糖醋金针菇

材料
金针菇200克，洋葱30克，蟹肉棒5根，蒜3瓣，黑木耳6朵，葱1棵

调料
盐、黑胡椒粉各少许，白醋、白糖各1小匙，食用油、奶油各1大匙

做法
1. 金针菇去蒂、洗净后切小段；洋葱洗净切丝；黑木耳洗净泡水至软；葱与蒜均洗净切片，备用。
2. 取炒锅，先加入1大匙食用油烧热，再加入做法1的材料（金针菇除外）炒香。
3. 接着加入金针菇、蟹肉棒与其余调料，以大火翻炒均匀即可。

芦笋炒珊瑚菇

材料
珊瑚菇150克，芦笋100克，火腿2片，胡萝卜30克，蒜2瓣，红椒1个

调料
香油、黄豆酱各1小匙，白糖、盐、白胡椒粉、水淀粉各少许，食用油1大匙

做法
1. 珊瑚菇去蒂，洗净后切小块；火腿切小片；芦笋洗净去老丝，切斜段；胡萝卜洗净切小片；蒜与红椒皆洗净切片，备用。
2. 取炒锅，倒入1大匙食用油烧热，再加入蒜片与红椒片，以中火爆香。
3. 接着加入做法1的其余材料与其余调料，翻炒均匀至入味即可。

芥蓝秀珍菇

材料
秀珍菇150克，芥蓝130克，姜丝、枸杞子各8克

调料
盐、鸡精各1/4小匙，米酒、食用油各2大匙

做法
1. 将秀珍菇洗净；芥蓝洗净切段，再放入沸水中焯烫，加入少许盐拌匀后捞出备用。
2. 热锅后加入2大匙油，再放入姜丝、秀珍菇、枸杞子炒2分钟。
3. 放入芥蓝和其余调料，拌炒入味即可。

酱爆白灵菇

材料
白灵菇200克，蒜末20克，葱段30克，红椒1个

调料
沙茶酱、米酒、食用油各2大匙，酱油膏、水各1大匙，白糖1/2小匙，水淀粉、香油各1小匙

做法
1. 白灵菇择洗干净；红椒洗净切圈。
2. 热锅，倒入2大匙食用油，以小火爆蒜末、葱段、红椒圈及沙茶酱，加入白灵菇翻炒均匀。
3. 加入酱油膏、水、米酒、白糖，转中火炒1分钟，再加入水淀粉勾芡，最后洒入香油即可。

大头菜炒双菇

材料
鲜香菇100克，蘑菇120克，大头菜200克，樱花虾5克

调料
酱油、味醂、白糖各1大匙，食用油适量

做法
1. 鲜香菇洗净，表面划花刀，切大块；蘑菇洗净，表面划花刀；大头菜洗净去皮，切薄片，加入白糖腌15分钟后，洗净沥干，备用。
2. 热锅，倒入适量油，放入樱花虾炒香，再放入香菇块、蘑菇煎至上色。
3. 加入酱油、味醂拌炒至入味，再加入大头菜片炒匀即可。

豌豆荚炒蘑菇

材料
蘑菇200克，豌豆荚100克，水发黑木耳40克，胡萝卜30克，姜片10克

调料
盐、白糖各1/4小匙，米酒1大匙，香油2大匙

做法
1. 将蘑菇洗净切片；豌豆荚洗净去头尾；黑木耳洗净切片；胡萝卜洗净去皮切片。
2. 热锅，加入香油，放入姜片爆香，再放入蘑菇片炒至微软。
3. 锅中加入米酒略炒，再放入做法1的其余材料拌炒，最后加入盐和白糖炒匀即可。

香菜炒草菇

材料
草菇150克，香菜30克，姜丝、红椒丝各10克

调料
蚝油1大匙，米酒、香油各1大匙，白糖1/2小匙

做法
1. 香菜洗净切段；草菇蒂头划十字洗净。
2. 热锅，倒入香油，加入姜丝、红椒丝炒香，再放入草菇煎至上色。
3. 加入其余调料拌炒入味，起锅前加入香菜段炒匀即可。

黑椒鲜菇

材料
鲜香菇150克，蘑菇100克，蒜末、洋葱末各10克，香芹末、香芹叶各适量

调料
盐1/4小匙，橄榄油2大匙，白醋1大匙，黑胡椒粒少许，食用油适量

做法
1. 先将鲜香菇、蘑菇洗净切块，备用。
2. 热锅，加入少量食用油后，放入鲜香菇块、蘑菇块，以小火慢煎至熟透。
3. 最后放入蒜末、洋葱末、香芹末炒匀，再加入其余调料拌匀，盛出放上香芹叶装饰即可。

椒盐香菇片

材料

鲜香菇	4朵
蒜	3瓣
葱	1棵
红椒	1/2个

调料

食用油	适量
盐	少许
白胡椒粉	少许
蒜粉	1小匙
香油	少许
面粉	3大匙
鸡蛋	1个
水	适量
黑胡椒粉	少许

做法

1. 先将鲜香菇去蒂头后洗净，切成片状；蒜、红椒洗净切碎；葱洗净切葱花，备用。
2. 将除食用油、黑胡椒粉外的所有调料搅拌均匀，拌至呈黏稠的面糊。
3. 将鲜香菇沾裹面糊，放入油温为180℃的油锅中炸成金黄色，再炸至酥脆状即可。
4. 起干锅，加入蒜碎、红椒碎炒香，放入炸香菇片，拌炒均匀，起锅前再加入葱花，撒上黑胡椒粉即可。

香辣双菇

材料
黑珍珠菇120克，杏鲍菇80克，干红椒3克，蒜末10克，葱段50克

调料
酱油3大匙，白糖2大匙，花椒2克，绍兴酒30毫升，香油1大匙，食用油适量

做法
1. 黑珍珠菇洗净，切去根部；杏鲍菇洗净，切成粗条，备用。
2. 热油锅至160℃，放入黑珍珠菇及杏鲍菇，炸至干香后，起锅沥油备用。
3. 锅中留少许油，以小火爆香蒜末、葱段、干红椒及花椒。
4. 加入黑珍珠菇及杏鲍菇炒匀后，放入酱油、白糖、绍兴酒，以大火炒至汤汁略收干，洒上香油即可。

香蒜奶油蘑菇

材料
蘑菇80克，蒜片15克，红甜椒60克，黄甜椒40克，香芹末适量

调料
无盐奶油、白葡萄酒各2大匙，盐1/4小匙

做法
1. 蘑菇洗净切片；红甜椒、黄甜椒均洗净，切斜片。
2. 热锅，放入奶油至融化，再放入蒜片，以小火炒香蒜片。
3. 加入蘑菇片略煎香后，再加入甜椒炒匀，最后加入盐及白葡萄酒一起翻炒均匀，撒上香芹末即可。

甜椒炒蘑菇

材料

蘑菇100克，红甜椒、黄甜椒各50克，松子仁2小匙，姜末10克

调料

盐1/2小匙，黑胡椒粉1/4小匙，香油1小匙，米酒50毫升

做法

1. 将甜椒洗净去蒂后切块，放入滚水中焯烫1分钟，再沥干备用。
2. 蘑菇洗净后对切，放入滚水中焯烫1分钟，再沥干备用。
3. 热锅，倒入香油，爆香姜末，放入甜椒块，再放入蘑菇与米酒翻炒均匀。
4. 最后放入松子仁、盐、黑胡椒粉调味，炒匀即可。

洋葱炒蘑菇

材料

蘑菇100克，洋葱30克，新鲜百里香2根，蒜2瓣，红甜椒50克，水200毫升

调料

月桂叶2片，奶油2大匙，盐、黑胡椒粉各少许，食用油1大匙

做法

1. 将蘑菇洗净，对切；洋葱洗净切丝；蒜与红甜椒均洗净切片，备用。
2. 取炒锅，加入1大匙食用油烧热，放入洋葱丝、蒜片与红甜椒片，以中火先爆香，再加入蘑菇块、水和其余调料炒匀。
3. 最后以中火将蘑菇块煮至软化入味，加入百里香煮至汤汁略收干即可。

花椒双菇

材料

蟹味菇、白玉菇各150克，干红椒段15克，蒜末5克

调料

盐、鸡精、辣椒粉各1/4小匙，花椒粒10克，花椒粉、水、玉米粉各少许，食用油适量

做法

1. 蟹味菇、白玉菇洗净剥散后，稍微洒一点水，再裹上薄薄一层玉米粉。
2. 热锅，倒入食用油，放入蟹味菇与白玉菇炸至上色，取出沥油。
3. 锅中留少许油，放入蒜末爆香，再放入干红椒段、花椒粒炒香。
4. 放入蟹味菇、白玉菇及其余调料，炒至均匀即可。

法式炒蘑菇

材料

鲜蘑菇160克，蒜2瓣，干葱、小豆苗各少许

调料

香芹末5克，盐、白胡椒粉、橄榄油各适量

做法

1. 鲜蘑菇洗净，切小块；蒜、干葱洗净切碎，备用。
2. 热锅，加入适量橄榄油，再加入蒜碎、干葱碎炒香。
3. 再加入蘑菇块、盐、白胡椒粉拌匀，最后关火，加入香芹末拌匀，盛盘并以小豆苗装饰即可。

咸蛋炒南瓜

材料
熟咸蛋2个，南瓜300克，蒜末1/2小匙，葱花2小匙，水200毫升

调料
食用油2大匙

做法
1. 南瓜去皮洗净切块，略焯烫后过冷水。
2. 熟咸蛋分别取出蛋白及蛋黄，蛋白切丁、蛋黄以汤匙压成泥，备用。
3. 热锅，加入1大匙食用油，放入蒜末、咸蛋白丁、南瓜块、水，以小火煮至汤汁收干后盛盘。
4. 重新热锅，加入1大匙食用油，放入咸蛋黄泥以小火炒至冒泡，加入葱花拌匀，淋在做法3的材料上即可。

西红柿豆腐蛋

材料
板豆腐1块，鸡蛋3个，西红柿2个，葱花1大匙，高汤100毫升

调料
番茄酱1大匙，盐1/2小匙，白糖2大匙，食用油适量，水淀粉2小匙

做法
1. 板豆腐洗净切丁，泡热盐水后沥干；西红柿洗净，切滚刀块，备用。
2. 热锅，倒入适量食用油，鸡蛋打散入锅炒至略凝固盛出。
3. 续于锅中加入高汤、番茄酱、板豆腐丁、西红柿块及白糖、盐煮滚，再加入水淀粉勾芡。
4. 最后放入鸡蛋推匀，撒入葱花即可。

第四章

面饭类

　　炒饭、炒面是比较常见的主食，因其制作方法相对简单、美味可口而深受人们喜爱。如果你在快炒店吃过后久久不能忘怀其美味，想自己在家制作，那么本章就为你提供相当详细的制作步骤，相信可以让你一饱口福。

金黄蛋炒饭

材料
米饭200克，葱花30克，蛋黄60克

调料
盐1/4小匙，白胡椒粉1/6小匙，食用油2大匙

做法
❶ 蛋黄打散备用。

❷ 热锅，倒入2大匙油，转中火放入米饭，将饭翻炒至饭粒完全散开。

❸ 再加入葱花及其余调料，持续以中火翻炒至饭粒松香，最后将蛋黄淋至饭上，并迅速拌炒均匀至色泽金黄即可。

蒜酥香肠炒饭

材料
米饭220克，香肠2根，葱花20克，红椒末、蒜酥各5克，鸡蛋1个

调料
酱油1大匙，粗黑胡椒粉1/6小匙，食用油2大匙

做法
❶ 鸡蛋打散；香肠放入电饭锅中蒸熟，取出切丁备用。

❷ 热锅，倒入食用油，加入蛋液快速搅散至略凝固，再放入香肠丁及红椒末炒香。

❸ 转中火，放入米饭、蒜酥及葱花，将饭翻炒至饭粒完全散开。

❹ 再加入酱油、粗黑胡椒粉，持续以中火翻炒至饭粒松香且均匀即可。

扬州炒饭

材料
米饭250克，虾仁、鸡丁、海参丁、香菇丁各30克，水发干贝丝、葱花各20克，竹笋丁40克，蛋液100克

调料
盐1/4小匙，蚝油、绍兴酒各1大匙，水4大匙，白胡椒粉1/2小匙，食用油适量

做法
1. 热锅入少许食用油，放虾仁、鸡丁、海参丁、水发干贝丝、香菇丁、竹笋丁炒香，加蚝油、绍兴酒、水、白胡椒粉炒至汤汁收干捞出。
2. 锅洗净烧热，放少许食用油及蛋液炒匀。
3. 续加入米饭及葱花，将饭翻炒至饭粒完全散开，加入做法1的材料及盐，炒至饭粒松香即可。

咸鱼鸡肉炒饭

材料
米饭220克，咸鱼肉50克，葱花20克，鸡腿肉120克，生菜50克，鸡蛋1个，香菜少许

调料
盐、白胡椒粉各适量，食用油3大匙

做法
1. 生菜洗净切碎；鸡蛋打散；咸鱼肉下锅煎熟后切丁；鸡腿肉洗净切丁，备用。
2. 热锅，倒入1大匙油，放入鸡腿肉丁炒至熟后，取出备用。
3. 锅洗净后热锅，倒入2大匙油，放入蛋液快速搅散至略凝固。
4. 转中火，放入米饭、鸡腿肉丁、咸鱼肉丁及葱花，将饭翻炒至饭粒完全散开。
5. 再加入生菜碎及盐、白胡椒粉，持续以中火翻炒至饭粒松香均匀，撒上香菜即可。

樱花虾炒饭

材料

米饭	220克
猪肉丝	30克
葱花	20克
樱花虾	5克
卷心菜	30克
胡萝卜丁	30克
鸡蛋	1个
香菜	少许

调料

食用油	3大匙
盐	1/6小匙
酱油	1大匙
白胡椒粉	1/6小匙

做法

1. 将鸡蛋打散；胡萝卜丁焯熟沥干；卷心菜洗净切碎，备用。

2. 热锅，倒入1大匙食用油，加入猪肉丝炒至熟后，取出备用。

3. 原锅洗净后热锅，倒入2大匙油，放入蛋液快速搅散至略凝固，再放入樱花虾略炒香。

4. 转中火，加入米饭、猪肉丝、胡萝卜丁及葱花，将饭翻炒至饭粒完全散开。

5. 续加入卷心菜及酱油、盐、白胡椒粉，持续以中火翻炒至饭粒松香且均匀，盛出撒上香菜即可。

肉丝炒饭

材料
米饭220克，猪肉丝50克，葱花20克，熟青豆30克，西红柿60克，鸡蛋1个

调料
番茄酱2大匙，白胡椒粉1/6小匙，食用油3大匙

做法
1. 西红柿洗净切丁；鸡蛋打散备用。
2. 热锅，倒入1大匙油，放入猪肉丝炒至熟后，取出备用。
3. 原锅洗净后烧热，倒入2大匙食用油，放入蛋液快速搅散至略凝固，再加入西红柿丁炒香。
4. 转中火，加入米饭、猪肉丝、熟青豆及葱花，将饭翻炒至饭粒完全散开。
5. 最后加入番茄酱、白胡椒粉，持续以中火翻炒至饭粒松香且均匀即可。

肉末蛋炒饭

材料
米饭220克，猪绞肉、碎白萝卜干各60克，蒜末10克，葱花20克，鸡蛋1个

调料
盐1/4小匙，白胡椒粉1/6小匙，食用油3大匙

做法
1. 鸡蛋打散；碎白萝卜干洗过后挤干水分。
2. 热锅，倒入1大匙油，以小火爆香蒜末后，放入猪绞肉炒至肉色变白、松散，再加入碎白萝卜干炒至干香，取出备用。
3. 原锅洗净后热锅，倒入2大匙油，放入蛋液快速搅散至略凝固。
4. 转中火，放入米饭、猪绞肉、碎白萝卜干及葱花，将饭翻炒至饭粒完全散开。
5. 加入盐、白胡椒粉，持续以中火翻炒至饭粒松香且均匀即可。

韩式泡菜炒饭

材料

米饭220克，牛肉100克，葱花20克，韩式泡菜160克，鸡蛋1个

调料

酱油1大匙，白胡椒粉1/6小匙，食用油3大匙

做法

❶ 牛肉洗净切小片；韩式泡菜切小片；鸡蛋打散备用。

❷ 热锅，倒入1大匙油，放入牛肉片炒至表面变白、松散后，取出备用。

❸ 原锅洗净后热锅，倒入2大匙油，放入蛋液快速搅散至略凝固。

❹ 转中火，加入米饭、牛肉片、泡菜片及葱花，将饭翻炒至饭粒完全散开。

❺ 再加入酱油、白胡椒粉，持续以中火翻炒至饭粒松香且均匀即可。

青椒牛肉炒饭

材料

米饭220克，牛肉丝100克，葱花20克，青椒丝60克，胡萝卜丝30克，鸡蛋1个

调料

沙茶酱、酱油各1大匙，盐适量，食用油3大匙

做法

❶ 鸡蛋打散备用。

❷ 热锅，倒入1大匙油，放入牛肉丝炒至表面变白后取出。

❸ 原锅洗净后热锅，倒入2大匙油，放入蛋液快速搅散至略凝固，再加入胡萝卜丝及沙茶酱炒香。

❹ 转中火，加入米饭、牛肉丝、青椒丝及葱花，将饭翻炒至饭粒完全散开。

❺ 最后加入酱油及盐，持续以中火翻炒至饭粒松香且均匀即可。

夏威夷炒饭

材料
米饭220克，火腿60克，青椒50克，红椒、菠萝各60克，葱花20克，鸡蛋1个

调料
盐1/2小匙，粗黑胡椒粉1/4小匙，食用油2大匙

做法
❶ 鸡蛋打散；菠萝、青椒、红椒均洗净切丁；火腿切小片，备用。

❷ 热锅，倒入2大匙油，放入蛋液快速搅散至略凝固。

❸ 转中火，放入米饭、火腿片、菠萝丁、青椒丁、红椒丁、葱花，将饭翻炒至饭粒完全散开。

❹ 最后加入盐及粗黑胡椒粉，持续以中火翻炒至饭粒松香且均匀即可。

姜黄牛肉炒饭

材料
米饭220克，牛肉片100克，葱花20克，熟青豆、胡萝卜丁各30克，鸡蛋1个

调料
盐1/2小匙，姜黄粉1小匙，食用油3大匙

做法
❶ 鸡蛋打散；胡萝卜丁焯熟沥干备用。

❷ 热锅，倒入1大匙油，放入牛肉片炒至表面变白后，取出备用。

❸ 原锅洗净后热锅，倒入2大匙油，放入蛋液快速搅散至略凝固。

❹ 转中火，放入米饭、牛肉片、熟青豆、胡萝卜丁、葱花及姜黄粉，将饭翻炒至饭粒完全散开且均匀上色，加盐调味即可。

酸辣蛋炒饭

📋 材料

米饭	200克
上海青	2棵
猪绞肉	150克
鸡蛋	1个
蒜	2瓣
红椒圈	3克
水	50毫升

🧂 调料

食用油	适量
酸辣汤块	1/2块
黑胡椒粉	少许
盐	1/4小匙

🍳 做法

❶ 酸辣汤块加水溶解；上海青洗净切丝；蒜洗净切小片；鸡蛋打匀成蛋液，备用。

❷ 热锅，倒入少许食用油，倒入蛋液炒至略凝固，取出备用。

❸ 锅中再倒入少许食用油，加入猪绞肉爆香，再加入蒜、上海青炒香。

❹ 加入米饭、酸辣汤汁与黑胡椒粉、红椒圈炒匀后，加入鸡蛋翻炒均匀即可。

❺ 最后加入盐，持续以中火翻炒至饭粒松香即可。

三文鱼炒饭

材料
米饭220克，熟青豆40克，三文鱼肉50克，葱花20克，鸡蛋1个

调料
盐1/2小匙，白胡椒粉1/6小匙，食用油2大匙

做法
1. 鸡蛋打散；三文鱼肉煎香后切碎备用。
2. 热锅，倒入2大匙油，放入蛋液快速搅散至略凝固。
3. 转中火，放入米饭、熟青豆、三文鱼肉及葱花，将饭翻炒至饭粒完全散开。
4. 最后加入盐、白胡椒粉，持续以中火翻炒至饭粒松香且均匀即可。

虾仁蛋炒饭

材料
米饭220克，葱花20克，虾仁100克，生菜50克，鸡蛋1个

调料
白胡椒粉1/2小匙，食用油、XO酱各2大匙，酱油1大匙

做法
1. 生菜洗净切碎；虾仁氽熟后沥干备用；鸡蛋打散。
2. 热锅，倒入2大匙油，放入蛋液快速搅散至略凝固。
3. 转中火，放入米饭及葱花，翻炒至饭粒完全散开。
4. 加入XO酱、虾仁、酱油、白胡椒粉炒匀，最后加入生菜，以中火翻炒至饭粒松香且均匀即可。

香椿蘑菇炒饭

材料
米饭220克，姜末10克，蘑菇30克，胡萝卜40克，卷心菜80克

调料
香椿酱1大匙，白胡椒粉1/4小匙，食用油、酱油各2大匙

做法
❶ 蘑菇及卷心菜洗净，切小片；胡萝卜洗净切小丁备用。

❷ 热锅，倒入2大匙油，放入姜末、蘑菇及胡萝卜丁以小火炒香。

❸ 转中火，放入米饭、卷心菜及香椿酱，将饭翻炒至饭粒完全散开且均匀上色。

❹ 最后加入酱油及白胡椒粉，持续以中火翻炒至饭粒松香且均匀即可。

翡翠炒饭

材料
米饭220克，火腿60克，蒜末10克，葱花20克，菠菜叶80克，鸡蛋1个

调料
酱油1大匙，盐1/8小匙，白胡椒粉1/4小匙，食用油2大匙

做法
❶ 鸡蛋打散；菠菜叶焯烫5秒钟后取出冲凉，挤干水分并切成碎末；火腿切细丁。

❷ 热锅，倒入2大匙油，放入蛋液快速搅散至略凝固，再加入蒜末炒香。

❸ 转中火，放入米饭、火腿丁、菠菜末及葱花，将饭翻炒至饭粒完全散开。

❹ 最后加入酱油、盐及白胡椒粉，持续以中火翻炒至饭粒松香且均匀即可。

咖喱肉末炒饭

材料
米饭200克，虾米2大匙，猪绞肉50克，玉米笋3根，葱2棵，蒜2瓣，百里香少许，水100毫升

调料
咖喱块1块，黑胡椒粉1小匙，食用油适量

做法
❶ 咖喱块加水溶解；玉米笋洗净切丁；蒜洗净切末；葱洗净切花，备用。

❷ 热锅，放入虾米干炒出香味，取出备用。

❸ 锅中加入适量油，放入蒜末、猪绞肉炒至变色，再放入玉米笋丁炒匀。

❹ 放入米饭炒散后，加入咖喱水及黑胡椒粉炒匀。

❺ 最后加入虾米、葱花炒匀，装入碗内，扣入盘里，装饰百里香即可。

西芹牛肉炒饭

材料
米饭200克，牛肉120克，洋葱30克，西芹2根，胡萝卜50克，香菜梗适量，水100毫升

调料
咖喱块1块，黑胡椒粉少许，食用油适量

做法
❶ 咖喱块加水溶解；牛肉、洋葱、西芹、胡萝卜洗净切丁；香菜梗洗净切末，备用。

❷ 热锅，倒入适量油，放入洋葱丁爆香，再放入西芹丁及胡萝卜丁炒香。

❸ 放入牛肉丁及香菜梗末炒匀后，加入米饭炒散。

❹ 最后加入咖喱水拌炒均匀，以黑胡椒粉调味即可。

酸辣鸡肉炒饭

材料
米饭200克，鸡胸肉1片，玉米粒3大匙，葱花20克，蒜2瓣，红椒1/3个，水50毫升

调料
酸辣汤块1/2块，盐1/4小匙，食用油适量

腌料
淀粉、香油各1小匙

做法
❶ 酸辣汤块加水溶解；鸡胸肉洗净切丁，加腌料腌制10分钟，再放入热油锅中过油，捞出。

❷ 蒜与红椒均洗净切片；玉米粒洗净沥干。

❸ 热锅，倒入油，加入做法2的材料以中火炒香，再加入鸡肉丁爆香，加入米饭、酸辣汤汁、葱花与盐一起翻炒均匀即可。

什锦炒面

材料
油面150克，韭菜段10克，绿豆芽20克，油葱酥10克，水50毫升

调料
肉酱罐头1罐，食用油适量

做法
❶ 油面放入滚水中略焯烫后捞起盛盘。

❷ 韭菜段和绿豆芽洗净，放入滚水中略焯烫后，捞起放在面条上。

❸ 另起油锅，将油葱酥、水和肉酱放入锅中炒香后，放入面条、韭菜段、绿豆芽炒匀即可。

肉丝炒面

📋 材料
宽面200克，猪肉丝100克，胡萝卜丝15克，黑木耳丝40克，姜丝5克，葱末10克，高汤60毫升

🥣 调料
酱油1大匙，白糖1/4小匙，乌醋1/2大匙，米酒1小匙，盐、香油各少许，食用油2大匙

📝 做法
❶ 煮一锅沸水，将宽面放入滚水中煮4分钟后捞起，冲冷水至凉后，捞起沥干。

❷ 热锅，倒入食用油烧热，放入葱末、姜丝爆香，再加入猪肉丝炒至变色。

❸ 续放入黑木耳丝和胡萝卜丝炒匀，再加入酱油、白糖、盐、乌醋、米酒、高汤和宽面一起快炒至入味，起锅前淋入香油拌匀即可。

洋葱肉丝炒面

📋 材料
熟油面150克，洋葱30克，猪肉丝50克，韭菜、油葱酥、胡萝卜、虾米各10克

🥣 调料
酱油1大匙，鸡精、白胡椒粉、白糖各1/2小匙，乌醋1小匙，水、食用油各适量

📝 做法
❶ 韭菜洗净切段；洋葱、胡萝卜洗净切丝，备用。

❷ 取锅，加入适量油烧热，放入油葱酥、虾米、洋葱丝和胡萝卜丝炒香。

❸ 续加入猪肉丝、韭菜段、油面和其余调料，拌炒至水分略收干即可。

日式炒乌冬面

🥘 材料

乌冬面	150克
葱	20克
胡萝卜	10克
鱼板	30克
竹笋	10克
香菇	10克
猪肉丝	30克
柴鱼片	10克

🧂 调料

食用油	少许
酱油	2大匙
黑胡椒粉	1小匙
白糖	1/2小匙
水	适量

🍳 做法

❶ 葱洗净切段；胡萝卜、竹笋洗净切丝；鱼板洗净切小片；香菇洗净切片备用。

❷ 取锅，加入少许食用油烧热，放入猪肉丝和做法1的全部材料炒香。

❸ 加入乌冬面和其余调料拌炒至熟，放上柴鱼片即可。

罗汉斋炒面

材料

熟菠菜面150克，香菇3朵，竹笋20克，豆干、胡萝卜、绿豆芽、金针菇各10克

调料

酱油1大匙，白胡椒粉、白糖各1/2小匙，香油1小匙，水、食用油各适量

做法

❶ 香菇、竹笋、豆干和胡萝卜分别洗净切丝，备用。

❷ 取锅，加入少许食用油烧热，加入做法1的全部材料炒香。

❸ 续加入金针菇、熟菠菜面和其余调料，拌炒至熟后，再加入绿豆芽拌炒数下即可。

五丝炒面

材料

熟鸡蛋面150克，水发黑木耳、胡萝卜、小黄瓜各10克，洋葱、猪肉丝各20克

调料

白胡椒粉、盐各1/2小匙，乌醋、白糖各1小匙，水、食用油各少许

做法

❶ 黑木耳、胡萝卜、小黄瓜和洋葱洗净沥干，切丝备用。

❷ 取锅，加入少许油烧热，放入洋葱丝和猪肉丝炒香后，加入做法1剩余的材料和熟鸡蛋面、其余调料，拌炒至熟即可。

罗勒肉末炒面

材料
熟鸡蛋面150克，洋葱30克，蒜、罗勒、红椒各10克，肉末50克，鲜罗勒叶少许，水400毫升

调料
鱼露、白糖、柠檬汁各1大匙，白胡椒粉、香油各1小匙，食用油少许

做法
① 红椒、洋葱、蒜和罗勒分别洗净，切碎末备用。
② 取锅，加入少许食用油烧热，放入肉末和做法1的全部材料炒香。
③ 续加入熟鸡蛋面、水和其余调料拌炒至熟，起锅前放入鲜罗勒叶即可。

泡菜炒面

材料
熟细冷面150克，猪肉片、韩式泡菜各50克，葱30克，杏鲍菇20克，水400毫升

调料
鸡精、白糖各1小匙，食用油少许

做法
① 葱洗净切段；杏鲍菇洗净切片；韩式泡菜切小片备用。
② 取锅，加入少许油烧热，放入猪肉片和葱段、杏鲍菇片炒香。
③ 续加入韩式泡菜、熟细冷面、水和其余调料，拌炒至熟即可。